# 非物质价值的诱惑

## 像理想企业家一样思想和生活

◎ 张先冰

WUHAN UNIVERSITY PRESS

武汉大学出版社

**图书在版编目(CIP)数据**

非物质价值的诱惑:像理想企业家一样思想和生活/张先冰. —武汉:武汉大学
出版社,2014.1
　ISBN 978-7-307-12736-4

　Ⅰ.非…　Ⅱ.张…　Ⅲ.人生哲学—通俗读物　Ⅳ.B821 – 49

中国版本图书馆 CIP 数据核字(2014)第 007258 号

责任编辑:邓　妍　　　责任校对:汪欣怡　　　版式设计:谢　莹

出版发行:**武汉大学出版社**　　(430072　武昌　珞珈山)
　　　　　(电子邮件:cbs22@ whu. edu. cn　网址:www. wdp. com. cn)
印刷:湖北恒泰印务有限公司
开本:720×1000　　1/16　　印张:19.25　　字数:227 千字
版次:2014 年 1 月第 1 版　　2014 年 1 月第 1 次印刷
ISBN 978-7-307-12736-4　　　定价:42.00 元

# 前言　理想生活的邀请

张先冰

文化是对一个人或一群人存在样式的描述。

人存在于自然中，同时也存在于历史和时代中；时间是一个人或一群人存在于自然中的重要平台；国家和民族（家族）是一个人或一群人存在于历史和社会中的另一重要平台。

文化是指人们在前述存在过程中的言说或表述方式、交往或行为方式、意识或认知方式。文化不仅用于描述人的外在行为，还特别涵盖个体的心灵意识和感知，即一个人在回到自己内心世界时的自我对话与自我观察。

这是2004年2月25日，我在维基百科上撰写的一则有关"文化"的词条。近10年来，这则有关"何为文化"的词条，不仅作为一种知识、概念被反复提及，更重要的是，它还作为一种世界观、一种价值准则，引导了我本人的日常生活与社会实践。尤其它强调的文化的内在性及生活方式化这两个维度，更是将我的注意力持久地引向人生的非物质方向。

● 何为非物质文化？

文化是个人或群组意识方式、表述方式、行为方式的观念性、符号性概括，是人们心灵生活、日常生活以及社会生活方式的总和。既是对生活方式的描述，也是生活本身。

无论以怎样的形式展开，人类的生活都可还原为一种价值生活。不同的，只是人们所追求的价值有物质价值和非物质价值之别。

所谓对非物质价值的追求，指的是人们最终希望实现或获得的是非物质性的经验，超越物质通向精神，超越现实面向理想，超越感官抵达心灵，超越欲望抵达信念，而不是流连于物质需求或感官体验。

而非物质文化就是非物质价值在人们的意识方式、表述方式、行为方式上的具体显现，也是一个人或群组，对非物质价值的具体实践。

作为一种价值观，非物质文化内置于或者超越于物质文化系统。物质只是载体，是一次过渡。当非物质文化内置在物质文化系统时，非物质文化最终亦将指向更内在的精神世界及价值彼岸。

## ● 何为理想企业?

这本书的书名为《非物质价值的诱惑——像理想企业家一样思想和生活》，那么，在我心目中，怎样的企业家可以被称为理想企业家呢？想要了解并认清理想企业家，首先要理解什么是理想企业。

当人们说到理想这个词时，通常有两种意旨，一种是理想的，指的是一种高度，一种标杆，通常和最高级形态联系在一起，比如"这是一种最理想的盈利模式"或"他是我们心目中最理想的班主任人选"。另一种指向是有理想，在这里，理想一词的含义是指一种价值，一种追求，一种境界，一种态度。

当我说到理想企业时，也许浮现在你心中的是某种榜样性企业的形象，是大家推崇的某种企业状态，是对企业及企业经营活动的一种量度描绘。

当我再次提及理想企业，或许浮现在你脑海的是一种有理想、有理想主义情怀、值得人们仰慕尊敬的企业组织的形象，这是对企业价值的判断，是一种精神刻画。

上述这两种理解都是对的，但不全面。

我所提出的理想企业是一种企业类型，是组织商业行为和企业家社会行为的一种特指模式。在这一模式中，企业家和企业组织的商业行为、社会行为，有机统一在一种社会理想、生命信念系统之中。这样的企业当然是值得推崇的组织榜样。

本书讲述了社会理想、生命信念系统的具体内涵以及它们被有机统一在一种商业模式和生活方式中的细节。

## ● 理想企业与NGO组织有何显著不同?

理想企业不同于NGO组织，也不同于社会企业，与人们日常常见的商业公司也有明确的区别。

同NGO组织相比，理想企业是一个商业机构，其运行模式都是商业化的。靠向开放的市场提供独特的具备社会建筑诉求的产品及服务获取利润，来维持组织的发展、实现组织的商业和社会目标。而非单纯靠募捐或捐赠来维持自身生存、实现组织诉求的慈善机构。

## ● 理想企业与传统商业企业有何显著区别?

理想企业有商业诉求，同时必备有社会诉求。但其商业诉求不是唯一的，也不是封闭的，更不是最终的。理想企业的最终目标是其社会诉求，且商业诉求的实现也是建立在社会诉求基础上的。反过来，商业诉求的过程和成就，也推动和保障了企业社会愿景的有效、持续诉求与实践。

　　理想企业不反对追求利润最大化，但实现利润最大化不是理想企业的唯一信条。社会价值是否得到有效的传播与转换，是衡量理想企业收益指数必不可少的前提。理想企业寻求的商业利润最大化和社会诉求效应最大化的有机结合，是一种对利润最优化的追求。

　　社会诉求是理想企业产品及服务必不可少的组成部分，且社会诉求是内在于企业产品及服务的价值结构和价值转换流程的。社会诉求甚至是理想企业产品及服务价值的灵魂与核心，而不是象征性的、策略性的、机会主义的、外挂的。

　　实现社会诉求的过程，也实现了商业诉求，商业诉求与社会诉求同步实现。

## ● 理想企业与社会企业有何显著区别？

　　理想企业的社会诉求，也不完全等同于社会企业的社会诉求。社会企业的社会诉求，首要针对的是社会问题和社会现实困境，基于社会生存环节，如贫困、灾难、环境破坏等，具有应急性。解决问题是社会企业的主要目标。

　　而理想企业除了关注社会生存问题外，更主要的是将眼光投向社会的发展方面，关注社会生活的美好空间、理想空间、愿景空间。如何让个体生命更加完善美好；社会生活朝向更加理想的维度优化升级；展现社会美好的感召力，探索可能的理想维度体验与实践。它是一种理想化的社会与生活的发现者、倡议者和建构者。

　　一种是消除问题，一种是实现超越。关注生存权的同时也关注发展权。既面向现实社会，又面向隐藏的内在心灵空间。

　　理想企业与社会企业在对待商业利润的立场上也不相同。与社会企业控制利润空间、计划利润分配不同，理想企业的利润空间，依据市场环境而生，没有计划性，只要其利润的获得符合理想企业的价值准则（理想企业以追求价值最大化，取代了利润最大化，或者通过利润最佳化来抵达价值最大化目标）。

　　另外，理想企业的利润分配方式是开放的，和商业企业的分配模式一样，取决于参与者的选择与约定。

## ● 什么样的企业家可以称之为理想企业家？

　　没有理想企业家也就没有理想企业。

　　理想企业家要求企业家的内心价值观、内在信念、个人的日常生活方式与其企业的经营行为以及企业所倡导的社会价值观是完全兼容的。也就是说，理想企业家本身是理想企业的灵魂，是理想企业价值的源头、保障和媒介，也是理想企业价值观社会化成果的一部分，而不是分裂的、两面的。

也就是说，理想企业的社会理想也是理想企业家的社会理想，是理想企业家价值观的社会实践。

对于理想企业家来说，理想企业是其实现个人社会理想、人生愿景及商业目标的同步投资、同步收益平台。

● **非物质价值对理想企业家的诱惑体现在哪里?**

非物质价值如何吸引对商业目标持开放态度的理想企业家?

第一，非物质价值在价值观层面与理想企业家有内在共鸣，理想企业家内心追求的价值终端，就是非物质价值的实现。

第二，有非物质价值这个维度，理想企业产品及服务的利益空间，不仅最大而且可能最优化。非物质价值是理想企业产品及服务附加价值的摇篮和仓库，同时也是价值忠诚的保障，而且非物质价值的生命力和社会穿透力，确保了理想企业产品的生命周期。

第三，企业将非物质价值作为产品及服务的核心价值，能建立市场传播优势，更容易建立社会认同、社会忠诚，提高市场传播的效率，保障理想企业产品的市场覆盖率。

第四，从商业实战的角度，理想企业从事的是价值观营销。价值观营销贯穿产品及服务的全流程（包括传播与售后），企业家个人日常生活方式、社会实践都成为价值观营销的媒介。通过向消费者和社会提供富含非物质价值的产品及服务，理想企业家实现了个人的公民成就。同时，非物质价值成为企业家个人的思想引擎、信念指南；非物质价值作为企业家个人日常生活方式、社会参与方式的媒介，让企业家自我得以正面实现。

● **感受非物质文化的诱惑：理想企业家的邀请**

此刻，摆在您眼前的，是第一人称"我"和第三人称"他、他们"合作展现的一部给第二人称"你"的邀请函，邀请您沿着人生的非物质方向同行；这也是一次多维的分享：分享思想，分享生活，分享价值，分享财富之道，分享心灵愿景。

"我"给你展现的是我的价值观、世界观和方法论；他和他们以国际青年旅舍为背景，从不同的场景、不同的对象、不同的事件、不同的维度，给您具体描述了非物质文化价值如何通过商业和生活实践社会化的思想和路径。

"我"希望自己像一个理想企业家那样思想和生活。他和他们访问和探寻的是一个将"社会价值、商业利益、个人生活方式有机统一在一种非物质价值系统"的实践者的思想和生活风貌。

这不是一本严格意义上的著作，更像是一次恳谈，但其展示的世界观、信念、思维方式，一定是真诚且富于创建性的。

这样，您便接触了一位自我介绍和他人引荐的心悦诚服接受独特非物质价值诱惑的探路者。同时，您也将参与到在个人日常生活与商业实践中，自然、持续、有效统一起来的非物质文化的价值实现之旅中。

这些价值的实现，与价值取向有关，与财富伦理有关，在跨界传播及社会建筑中得以弘扬，在个人的交响生活中及理想站台上得以立足。

新锐生活

浪漫青春

跨文化冲击

使命召唤

自我确认

亲密时光

公益世界

仪式经验

潮流之外

在地旅行

小剧场生活

爱的教育

战胜重复

创意阶层

交往共鸣

星球公民

年轻态社会

公共命名

非物质公共资产

富裕社会

地方文化

独立性

自然怀抱

志愿者

诗意创造

书香人生

生命平衡

自我更新……

亲近自然、穿越文明、拥抱亲情、参与社会，这些既具体又浪漫的非物质诱惑，引导我们创造人生的财富。

无论你是一个怀抱梦想、准备创业又在为如何选择项目、规划商业人生的起点和愿景而徘徊的年轻人，还是一个不愿再为短期行为、一夜暴富、投机取巧的欲念控制的商海回头客，发现这些非物质价值元素，你很快就会感受到，将其社会化的过程，也是一个积累商业资本的难得机会，企业的经营理念、管理模式、传播方式等，都将发生全面变革。个人价值取向的企业化实践与实现、生活化实践与实现、社会化实践与实现同步进行。一种崭新的商业文明、商业人生的图景，在你的行动中，将徐徐展开。

如果你更关注个人生活，非物质文化价值观也给了我们另外一种指南，那就是自我发展的建设性、多元性、丰富性、独立性、内在性、公民性。

这些，是近八年来从事国际青年旅舍经营带给我的感召，也是一个理想企业实践者、探路者、生命的非物质价值发现者对您的邀请。

2013年7月

# 目 录

后 记

# 第一章　价值取向

第一章　**价值取向**

在物质相对发达的社会，人们从生存世界进入到生活世界。

生活世界与生存世界的区别，从人们的需求倾向中看得很明显。迈入生活世界的人们，需求不再只停留在对商品和服务功能性价值的选择与评判上，而是更多地关注商品和服务的附加价值，这些附加价值有象征体验性的，有直接交互性的。

具备直接交互性价值的商品和服务，包括具备日常性的生活方式以及具备现实性的社会参与。随着物质、教育及社会环境的不断发展，企业直接向消费者提供生活方式、企业邀请消费者共同直接地、日常地参与社会建设，将成为新的商业及消费潮流。

直接性经济时代到来。

敏感的企业意识到：直接性，是市场机会，是财富聚集的新路径；同时，直接性，也是企业角色的觉醒与转化的结果。价值体验的直接性，明显改善了企业与消费者之间的关系，同时，也让企业实践自身抱负的效率得到显著提高。

直接提供生活方式，这句话看上去还是企业的一种策略选择。而直接提供健康的新生活方式，却是一种价值选择，是一种对时代变迁的价值回应。

"健康"的受益者包括消费者和社会系统。无损于消费者身心，对消费者而言是健康；不透支、不破坏社会资本，还能为促进社会更美好提供价值增量，社会是受益的。这便是我认为的理想企业和理想企业家的可为之处。

健康和美好，是一种非物质价值。

无论为个人生活和社会系统提供价值，还是理想企业自身寻求效益最佳化，投资非物质价值，都是理所应当的。

非物质价值是对单一物质价值的否定，一方面，非物质价值直接诉求消费者和社会的价值认同感，另一方面，因为在消费者内心和社会系统内部引发价值共鸣，以非物质价值传播为商品和服务购成的企业，获得的市场附加价值有机会最大化，其最大化的路径有两条，一是市场覆盖面广，一是消费者忠诚度高。

最典型的代表就是类似青年旅舍这样的企业，既能全球发展，又能基业长青。

# 欢迎走进生活新空间

**非物质视野：**

## 非物质价值在生活舞台

《欢迎走进生活新空间》是一次袒露，也是真诚的邀约。

您将走进的这个生活新空间，孕育成长的，是一种新的生活态度，新的人际关系，新的生命方向。有商业抱负和思想的创业者，还将看到一种新的投资理念、经营模式和财富空间。

对于那些满怀优化生活、改良社会情怀的理想主义者，您被邀约走进的生活新空间，就是一座社会建筑，就是一组理想的站台。无论是出发还是归来，它都是您梦寐以求的舞台。

安静的院落，红色三层的旧砖房，原木的柴门，鲜艳的对联，这就是湖北第一家国际青年旅舍——武汉探路者国际青年旅舍。所有的颜色在雨水的氤氲下显得更加朦胧——所有关于旅舍的概念需要重新洗礼。

进了大门，视觉立刻受到冲击。半圆形的前台由木头打造，桌上放着石磨，头顶是红的黄的牛皮纸灯，桌布都是贵州的蜡染。院子后面更加斑斓，每一块旧砖上都有新的风景。来住过的客人会在临走时，随意拿起散落院角的笔和颜料，任性涂抹，留下的全是心情的写照。于是就有了恋人在砖头上画的许多颗心，文人留下打油诗，外国朋友写下Q版英文……

探路者国际青年旅舍的主人是阳光和她的先生张先冰，他们曾经游历大半个中国，每到一个有国际青年旅舍的城市，他们投宿的首选便是青年旅舍。张先冰一直感叹：偌大的武汉，为什么迟迟没有一家国际青年旅舍？7年前，张先冰夫妇便开始筹划创办湖北第一家国际青年旅舍。

从2005年8月开始，繁杂的装修和改造工程启动了。一切设计无不流露出夫妻俩的智慧和理念：弧形的木头

门，石狮子和石凳子全是淘来的，废铁罐子当花瓶。从东湖拖来的废弃旧船做店牌。女主人阳光带我参观各种类型的房间，整洁干净，杜绝一切一次性的拖鞋、洗漱用品等。墙上的提示纸条，全是她的手绘POP。"这样做，是让来住宿的客人觉得每一间房，都是用心的、独一无二的。而整个旅舍还邀约大家一起忠诚履行环保的信念。"

顺着满是涂鸦的楼梯走下来，来到小小的院落吧台。武汉这两天天气不好，许多客人干脆在有透明天花板的院子里聊天看书，谈笑风生，带着各地方言口音的普通话在这里显得有趣亲切。张先冰说，现在，大多数人对青年旅舍还不是很了解，而他也是在游走了许多城市，亲自住过一些青年旅舍后，才彻底对这样的"家"有了新的认识。

如同世界各地的青年旅舍一样，在"探路者"，没有传统意义上的服务员和老板，客人一走进旅舍，马上就能感受到一种家的氛围：亲切的招呼，惬意的交流；洗衣服、打开水、清理床铺等都亲自动手。自由的生活习惯融入集体空间，自己也放松得多。很快你就会发现，在这里，不再只是住宿这么简单。

每个清晨，是青年旅舍最有意思的时光之一。洗漱间前面一字排开不同口音、不同打扮，甚至不同肤色的旅者，哗啦啦地边洗脸边聊天，每个人的表情都洋溢着新鲜和乐趣，这是青年旅舍最大的魅力所在——友谊的新乐园！这里是来自世界各地旅行者的快乐营地，分享故事，快乐聚谈。

旅舍的门口有彩色的纸条，写着需要结伴同游的信息，谁有兴趣就直接去敲响发邀请函者房间的门吧！入夜，旅行归来的朋友们围坐在旅舍门外水杉围绕的院子里，露天电影的故事正进入高潮，有人安静地看，有人窃窃私语……

客人Harry告诉我，他曾经去过8个国家，每次都住青年旅舍，价钱便宜，是当地三星级酒店的三分之一！更好玩的是，他总能交到不少经历特别的朋友。印象最深的，是越南的一家青旅，每晚才3美金，"还有清澈的游泳池呢！最棒的是它拥有一块大的露台，来自全世界的朋友都会围坐在一起，一边看自己拍摄的DV，一边分享旅途的见闻、青春的快乐。"他形容的时候，那种陶醉的神情溢于言表，"你会觉得每个人，就是一个世界"。后来Harry上瘾了，无论再去哪个城市，都直奔当地青旅。

青年旅舍的空间永远不会奢华，简单却不简陋，费用不高，但收获的东西绝对无法用金钱来衡量。Harry说，每个国家的青旅给他印象最深的，绝对不是设施和风景，而是在那里遇到的人和事，以及大家自由自在地交往和交流。

在探路者青年旅舍，如果床位不够，他们就搭帐篷睡在庭院。寂静的深夜，聊天和说笑声，萦绕整个庭院。仰望天空，星星那么闪亮美丽，见证了更加闪亮的友谊和多元的生活。

# 青春有约

昔人已乘黄鹤去此地留下红楼住满年轻人
滚滚长江东逝水浪花淘尽英雄还有探路者

伴随着2006年新春的脚步，在古老而又年轻的武昌城中心，诞生了一家独具多元文化气质的青年旅舍：武汉探路者青年旅舍！她是湖北第一家国际青年旅舍，紧邻著名艺术学府湖北美术学院，出门便是湖北美术馆，各类顶级的画展、摄影展、雕塑展以及各种前卫的艺术文献活动的序幕接二连三地在这里拉开。散布在旅舍周围的古老石雕、各类画展海报以及一群群进进出出的肩背画夹、着装前卫、开放大方的美院美少女，让这里充满浓郁的艺术氛围和青春的美！

武汉探路者青年旅舍的馆舍由一幢20世纪50年代初前苏联设计师设计的三层红砖楼改建而成。半个多世纪来，许多享誉国内外的艺术家曾在这里学习或生活过！

馆内有一片400多平方米的大型露天庭院，参天杉树映衬着蓝天白云，景致秀美壮观，在宁静的庭院内，坐在由古老的石磨、布瓦、原木创意设计而成的桌边品茗聊天惬意难忘；若逢雨天，在旅舍后院的100平方米大玻璃顶酒

非物质视野：

## 非物质价值在青春旅途

青春即美，青春即创造，青春即自由。在路上的青春，展示美；在路上的青春，探索自由；在路上的青春，创造生命的风景。

在路上的青春，并非漫无目的。青年旅舍促成了快乐的约会，让青春感受、响应并享受自由的呼唤；青年旅舍促成了健康的约会，传统、自然、艺术、激情会将青春之美、青春之自由、青春之创造凝聚。对个人而言，是生命沉淀，对社会则意味着多元融合。

吧内观浮云漂泊、树影摇曳，耳边奏起的风雨和弦，更叫人流连忘返！

最具特色的应属旅舍三楼的坡屋顶星光走廊，壁画环绕，连绵的拱门仿佛让我们置身古城堡，入夜，天窗外月光朦胧、星星闪烁，更是大自然给匆匆岁月的无私馈赠！

武汉探路者青年旅舍也是国内首创的展览型旅舍，馆内走道均安装了展览专用照明设备，倘若您与艺术有缘，您兴许会享受到旅舍不定期举办的电影展、DV展、摄影展、画展、雕塑展、戏曲演出、诗歌朗诵会、先锋音乐会、兴趣群体聚会、论坛等慢生活体验及非物质文化大餐。这里是自由涂鸦艺术的乐土，只要您有雅兴，便可将您的作品或文字永远留在旅舍的某个角落，成为您旅行经历及全球化时代文化交融的见证。

入住探路者青年旅舍青春作伴恰似还乡
吟听楚文化浪漫乐章高山流水喜逢知音

这是武汉探路者青年旅舍门前的另一副对联，横批是"青春有约"。当您走进旅舍，一曲高山流水将让您顿感在异国或他乡找到久别的知己，旅舍主人们阳光般灿烂的笑容会让您仿佛回到家人身边，事实上探路者青年旅舍就是环球旅行者、大学生及富有个性的创意青年、艺术家、诗人在旅途的家！

注：这是2006年2月9日，发布在国际青年旅舍中国官方网站上的文字。中外背包客第一次接触探路者青年旅舍。我们也将这一天视为探路者的生日。

# 相知地球村

常年背包在外的自助旅行者，简称什么呢？"背包客"或"驴友"，是驴子的驴哟，那你猜，"驴友"住的地方叫什么呢？呵呵，叫"驴窝"！驴友是来自世界各地的，而"驴窝"呢，它也是不分国籍的。

看门口的这根国旗杆，花花绿绿，最少有二十个国家的国旗，这儿自然就是国际驴友的"窝"。

武汉探路者国际青年旅舍创办人张先冰："我们把有些房间称为联合国房间，可能今天住一个德国人，明天住一个日本人，后天住进的是一个埃及人或几个新加坡客人。也可能这个房间一个晚上住有来自瑞典、丹麦、中国台湾和香港或者是中国其他地区的背包客。"

穿着拖鞋的这位是来自美国的Marc，他打算在武汉玩上6个月！Marc："这里有很多其他国家的年轻旅游者，我对中国还比较熟悉，所以我可以帮助他们。"

瘦瘦的Crischca是德国人，他特意将他们国家的传统服饰秀给我们看！Crischca："我是个木匠，这件衣服是德国传统的木匠服装。"和Crischca一起来的有两个德国伙伴，也是木匠，前几天从这里去了日本。

德国人Crischca："最开始从香港出发到过广州、桂

**非物质视野:**

## 跨文化生存的非物质诱惑

科技的发展，使跨国界生活成为可能。旅行是全球化携带的一股健康、积极的能量，来自不同国家和社会的人们相聚在一起，不同的文明、不同的传统相互碰撞，交相辉映，使一种跨文化体验获得日常化、生活化的实现。

作为一个社会商业机构，青年旅舍为人们心灵的跨越创造了条件，变更了出发者的心智模式，同时"跨文化"景观，也构成青年旅舍永恒的魅力。

林，现在在武汉已经待了一段时间了。"在旅舍，他认识了美国的Marc，并和他结成了伙伴。德国人Crischca："我们开始不认识，在这里认识才成为了朋友。"

旅舍里随时可遇见来自不同国家、不同民族、不同肤色的年轻人，连墙上也是写满了各国文字。张先冰：涂鸦是年轻人的一种自我表达，我们专门拿出区域供旅客们自由表现。

这堵墙，现在有20多个国家的语言写的"我爱你"，最中间的这个"我爱你"是一个中国女孩子和一个在法国领事馆工作的法国男孩共同书写的。

旅舍里还有中国诗人留下的诗句。"生命在哪里停泊，上帝说莫问！"这是中国著名诗人和散文作家于坚写的。

只要想写东西，都可以把这儿当作公告版，这有一封有特殊意义的信。

张先冰："因为各种原因，两个年轻人不能在一块，男孩子在这住了几个晚上，留下一段非常感人的情书，相约三年后还在这里相见。这也是青年旅舍充满了浪漫色彩的文化的一部分。"

张先冰："在欧美，青年旅舍是一种非常常见的住宿形式，仅德国就有一千多家青年旅舍，而在中国，包括我们这家青年旅舍在内，才一百多家。"国内青年旅舍少，张先冰认为，主要是因为文化差异。

张先冰："年轻人在18岁的时候有个成人礼，国外的年轻人的成人礼就是环球旅行。他们会背着一个包或者徒步远足，或者骑自行车穿越，他们到哪里住呢？就住遍及世界各个角落的国际青年旅舍。"

现在来探路者青年旅舍的国外背包客越来越多，相比较，中国年轻人出来旅行的比例，还有很大的提升空间。

张先冰："中国的年轻人利用假期、周末，或者利用其他时间出来旅行的这种文化意识和生活方式还有待提高和普及，这也是我创办湖北第一家青年旅舍的初衷，让更多的中国青年，通过青年旅舍这个空间，拓展自己的视野，丰富自己的生活方式。"

国外背包客最喜欢的是中国的文化，在梦想阅览室里，展示了湖北省向文化部申报的17件人类口头和非物质遗产目录及介绍。

张先冰："这其中有件作品是湖北宜昌地区宜都县的青林寺谜语，每天我会贴出一个谜语来，让我们的客人去猜——三月天出门，九月天回家；年纪没得一岁，老得胡子八叉。一看，这是打的玉米——猜出来我们会奖给他们一点小小的奖励，比如说有一顿免费午餐。"

在前台，有位漂亮的女服务生，很受驴友的欢迎。大学学生：我7月份大四毕业，现在课已经结束了，就过来了。张先冰：旅客们走进旅店，迎接他们的是我们前台的服务生们的微笑，没有职业感，非常自然，感觉如同回到了家或老朋友之间。

老外爱问问题：哪个地方有特色小吃啊？或者哪个地方好玩啊？看樱花的时候，他们会问磨山的樱花好看还是武大的樱花好看。外国驴友到了一个地方，喜欢慢慢逛，细细看，在青年旅舍他们都不急着走。

在这儿也有一些特殊的规则得遵守，首要的就是不能吸烟！张先冰：不能大声地喧哗，如果有其他客人在，建议不要在房间里大声打电话。

还有，房间里的卫生提倡自己整理。自己打扫卫生。在中国，很多年轻人恐怕都接受不了。

张先冰："自助自立，对我们中国年轻人来说很重要，中国孩子衣来伸手，饭来张口，呼来喝去，都是指使别人。但在这里不同，很多事情需要你自己做。"

张先冰很佩服在这儿住过的一位驴友。

张先冰："前一段，我们接待过一位来自德国的社会企业家，小伙子才27岁，他和他家人在柏林经营了3家家政公司，雇佣了300多号员工，27岁，到现在为止已经走了44个国家。"

这位德国人在离开武汉那天，他向旅舍咨询去武当山最经济的线路！

Ritgert：我要去武当山玩两天，然后回到这里来。

张先冰积累了好多记事本，上面记录着三十多个国家驴友的留言。世界各地的背包客来来去去，正如同旅店门口的一副对联所言：昔人已乘黄鹤去，此地留下红楼住满年轻人；滚滚长江东逝水，浪花淘尽英雄还有探路者。

# 品牌使命

—— 国际青年旅舍全球化的驱动力量

非物质视野：

## 非物质价值靠使命驱动

使命感是生命的一种潜能，是心灵本有的一种方向天赋，人的迷失，就体现在失去了这种光感，继而被现实所困。

依然保有使命感的生命表征之一，就是理想主义情怀萦绕于心。为理想主义萦绕的灵魂，源源不断地吸取并释放超越力，继而给现实带来变革和升华之途。

由于使命感是我们共同的天赋，因而使命的传播会赢得广泛且最持久的共鸣，这也解释了机会主义和理想主义在历史潮流中的不同命运。

如果你计划以商业或商业组织为媒介来实现生命价值，使命感会引导你将做人、做事、做品牌和企业融为一体，并源源不断提供智慧和能量。

满足他人也满足自己；影响他人，也实现自我再塑；向社会传递价值，同时也达成自我完善。这是青年旅舍的价值，也是其蕴含并启发的事业伦理。

事业和物欲的区别，在于价值的生发与存放。为外挂的诱惑所刺激出的欲望，最终将被耗尽。而源于内心的追求，将带来持久的热情，并在心与环境的共鸣中传扬。

在某种程度上，生命是一个角色发现、角色扮演、角色实现的过程。在不停的角色探求、角色转换过程寻求自我确认。

除现实的、虚拟的角色扮演外，每个人的内心都可能潜藏着一个未被感召的角色。物质或物质符号能够为现实的或虚拟的角色提供和创造表演的舞台，而为天性指引且被信仰和信念所浸润的真切经历，会让生命获得一种角色归属感，走出人生的戏剧性。

同学们，晚上好！

非常荣幸能够在这里通过这个论坛，将我对国际青年旅舍运动的热情，以及我对国际青年旅舍生活方式的热爱传递给大家。在座的年轻人，现在被称为80后的一代，你们这一代人可以说是与全球化同龄的，是全球化的同龄人。当你们这一代人，回顾你们的童年和你们成长之初的20世纪时，你们会发现，那是一个有两次世界大战，给人类带来巨大灾难的世纪；是一个因激烈的意识形态冲突所导致的冷战，给全世界人民带来了心灵压抑；种族隔离政策，给世界人民之间的团结和友谊造成了伤害的世纪；对于刚刚结束的时代，你们也会观察到那些目光短浅的、贪婪的物质主义，给自然环境带来的破坏。

但是由于信息的全球化，你们这代人，将非常有幸地观察到，那些慷慨无私以及充满了理想主义的时代浪潮，依然回荡在20世纪之初。这些慷慨的理想主义包括创建联合国，包括人类健康的维护、科学方面的进展，而且还包括，为了改善人们居住条件所作的努力，最重要的是，在全球范围内大家共同认识到，关注儿童和青少年的成长。

20世纪的社会史当中有非常多的理想主义素材，可以作为传播或市场实践的案例来进行研究。而国际青年旅舍运动，就是一个浓缩了20世纪心灵史的典型案例。在我给大家分享国际青年旅舍运动的历史之前，我先给大家讲两个在我所创办的探路者国际青年旅舍发生的故事。

去年圣诞节前，旅舍来了一位出生在荷兰、工作在意大利的27岁欧洲女孩，她在欧洲时读到一篇文章，这篇文章是我们中国科学院武汉水生所的一位教授写的，有关白鱀豚这一物种可能已经消亡的研究。她看到文章以后，发誓一定要到中国来寻找白鱀豚，她到我们旅舍第三天，我才听其他客人介绍，知道她是一个独立的生物学家，然后我跟她进行了深入的交谈：她从欧洲飞到上海，然后从上海飞到重庆。从重庆到武汉这一路，她或步行，或坐慢车，或坐便宜的游船。怀抱生物多样性的理念和对自然的热爱，一路寻访，一直到武汉，她没有找到白鱀豚，我知道后与武汉水生所联系。找到前面提到的那篇文章的作者，同时，我专门安排一个志愿者陪同这位欧洲女孩，还想办法给她办了一个特别通行证，去看江豚博物馆。她看到了江豚博物馆，回到旅舍后，非常地激动。

　　仍然没有找到白鱀豚，她继续从武汉出发，沿长江一路找到上海，大概一个月前，她从意大利给我们发来了一封电子邮件，表达了在中国获得这么多人友谊的欣慰，字里行间也流露出没有找到白鱀豚的伤感。

　　另外一个故事是，一个月前，我们旅舍来了三个穿着非常独特的客人，一身黑色的灯芯绒，背带裤，戴着一个牛仔风格的帽子，大家都感到非常地好奇。后来我了解到，他们三个是德国的手工艺人，也就是中国的木匠。这三个木匠在旅舍待了几天以后，有两个离开旅舍去了日本，还有一个到今天还留在旅舍。留下来的这位德国木匠，在旅舍里认识了一位来自美国的年轻人，两个小伙商量准备造一艘木船，然后坐这个船从武汉出发漂到上海。他们这个船现在还在制作，基本完成。德国的小伙子告诉我，德国手工业协会有个传统，学手艺，当你学到差不多的时候，你需要离开你学的地方，到500公里以外的世界去游历，且三年不许回。

　　这两个例子给我们展示了青年旅舍悠久的历史和人文传统。青年旅舍运动发生在1900年前后，但是要追溯青年旅舍的历史，我们可以回到500多年前。当时在欧洲，年轻的学徒们要在一个城市和另外一个城市、一个乡村和另外一个乡村之间徒步实习——不像今天，学生们在一个学校里一待就是四年——这一段时间在这里学习实践，过一段时间又在另外一个地方实践学习。这种徒步学习和实践的经历为欧洲的年轻人从小走出去带来了一个传统。

这些学徒在旅途中住宿的地方，都是当时的天主教和基督教教会提供的。19世纪中叶，当时的宗教组织成立了很多青年协会，这些青年协会提供给一些从事宗教、从事游历学习活动的年轻人住宿的地方。这也是欧洲年轻人能走出去的物质基础。

工业革命以后，19世纪的后半叶，在欧洲兴起了户外体育运动。这些运动最集中的体现，就是年轻人要走向自然。走向自然的一个背景，是欧洲的工业革命发展到一定程度以后，年轻人带来了一种新的反叛的力量。就是对资产阶级生活方式以及享乐主义的一种批判。这样的年轻人，他们开始用一种新的生活方式，来展现他们的青春。到山区，去徒步，这些徒步的人，背着干粮，背着炊具。来到乡村，背着吉他，他们收集乡村民谣，晚上，他们便相聚在一起唱这些歌谣。这些人带来了一场服饰的革命，他们不再穿成功的小资产阶级知识分子所穿的非常严谨的服饰，他们穿开领衫、短裤以及五颜六色的夹克。我们今天在座的年轻人，所穿的休闲服饰的来源，就是对工业化革命浪潮的反叛的产物。这样的一群人，在欧洲称为候鸟，他们当时在德国不是最主流的人群，也许是5万，也许是10万。但是这些人后来成为德国社会变革的精英力量，他们代表着一种健康的生活方式，代表着对自然的热爱。

在这样的一个大背景下，尤其是在基督教、天主教协会里面，青年组织组织得比较有系统，当时有一个红黄兰三角的标志，他们会用这个三角标志印一些旗子，年轻人在户外游历的时候，举着这样一个三角牌。现在国际青年旅舍的标志还包含一个蓝色三角，就是源于这样一个传统。

有一个德国人叫希尔曼，他的父亲是一位教师，他自己也是教师，他认为自然才是真正教育的天堂，他利用节假日、空闲时间，带着他的学生走向乡村山野。他在一所煤炭学校任教，看到煤矿工人的孩子们非常的瘦弱，且从来没有听过云雀歌唱，他感到非常吃惊，便把户外徒步教学带到学校，从而带来一种全新的生命活力。

希尔曼带领学生远足，住的地方，最早是找乡村的教室，在教室打地铺，直到今天地铺仍然是青年旅舍的一个传统，你们要有机会，可以到青年旅舍体验这种睡地铺的传统。

今年樱花节的时候，旅舍来了十几个北欧的音乐家，他们就是在旅舍打地铺休息的。睡地铺的传统是一百多年前，希尔曼带领学生们乡村游历时兴起的。随着更多的青年走向户外，乡村学校的教室就开始不够用，就开始建设一些青年旅舍，一些城市也有了专门的青年旅舍。最早的城市青年旅舍建立在慕尼黑，其多人间、上下铺的风格延续至今，也成为近百年来青年旅舍住宿空间的一个传统和特征。所以，到今天我们也能看到，国内的很多青年旅舍，仍配置有多人间和上下铺。

经历一段时间的探索，德国的年轻人非常喜欢户外远足住青年旅舍这样一种生活方式。很快，在德国各个城市，青年旅舍的网络得到广泛发展。

不仅在德国，在荷兰、瑞典、英国等欧洲国家几乎在同一个时期出现了年轻人走向自然的这种生活方式，这样的一种生活方式或多或少地受到德国青年旅舍的感染。从刚才的回述我们可以看到，德国青年旅舍运动的精神有两条，第一个是给年轻人带来健康，第二个是自然教育。德国青年旅舍的价值理念，也获得了包括荷兰、瑞士、丹麦，还有像英国这样一些欧洲国家的认同。但是青年旅舍在这些国家的发展，逐渐生发出一些新的特点，比如说像在瑞典这样的国家，它的青年旅舍更加注重环保的理念，更加注重节俭的理念。在英国、法国等国，更加注重公民社会的建设，注重青年旅舍运动的公共担当，尤其在法国，把和平的理念带到青年旅舍。有的国家，把团结作为理念，带进青年旅舍，希望年轻人通过户外徒步这种特别的交往，让不同的族群联合起来，来构建国家的团结。所以青年旅舍在第一次世界大战后的发展，奠定这样一些价值基础，那就是关注和平，关注年轻人的教育，关注健康。

第二次世界大战后，冷战导致东西方社会割裂，人民与人民间的交流出现了很大障碍。而在这样特殊的历史时期，青年旅舍担当起一个职责：他们鼓励来自不同意识形态国家的年轻人住青年旅舍，在青年旅舍进行交流，相互了解、建立友谊。在坚守理想主义的国际青年旅舍运动创始人的引导下，青年旅舍运动在悄无声息地为世界和平奠定基础。也正因为在二战以后，力图将把国际青年旅舍打造成一个世界和平堡垒的理想主义的诉求，使国际青年旅舍成了联合国教科文组织相关机构的观察员。青年旅舍蓝色三角的标志已被很多国家确认为国家公共交通系统的标志。

1989年，柏林墙倒塌，冷战结束，人类迈进了一个全新的时代——全球化时代。在世界开始变化的时候，你们，全球化的同龄人，正和全球化

一起成长。没有意识形态冲突，人类大家庭的理想在朦胧远方展现出来。在这个时候，我们会看到青年旅舍运动的一种新气象，它倡导着年轻人对

人类可持续发展的担当，倡导支撑可持续发展的生活方式。

旅行是全球化最健康的副产品之一，在方兴未艾的全球化浪潮里，青年旅舍在世界各地，得到蓬勃发展。人们出去旅行，无论是天安门广场还是时代广场抑或喜马拉雅山脉，无论是在长城之巅，还是金字塔下，我们都能看见背着包行走的年轻人。这是国际青年旅舍运动创造的全球化景观。

国际青年旅舍历经百年发展。今天成为全球青年生活的一个空间，成为全球年轻人旅行向往的投宿地。然而在其历经百年风雨而仍以星火燎原之势全球化的过程中，我们没有看到其做过任何商业化宣传，没有看到其任何商业广告。

相反，我们今天看到的很多全球化产品，比如说可口可乐、麦当劳等，他们动用了大量资金去诉求社会的公共关系，不遗余力地通过商业力量去推动产品交易，实现其消费市场的全球化。但我们没有看到国际青年旅舍通过什么商业的力量来促使自身全球化。对于从事企业的人来说，不需要商业的力量就能使自己的品牌、自己的理想成为全球共享的一种价值，这是一个很了不起的智慧，了不起的成就，可以说近乎奇迹。这种奇迹源于什么基础呢？我认为国际青年旅舍品牌的社会使命是一个非常重要的驱动力量。

国际青年旅舍的使命概括起来讲是这样一种思想：让年轻人，为了自我拓展、人类和平及一个美好的世界而旅行。最早的青年旅舍运动，是为了让年轻人身体更加健康，受教育的环境得到改善，发展到今天，国际青年旅舍为了世界和平及人类可持续发展而旅行，为一个美好的世界而旅行。这一品牌价值观，在国际青年旅舍的发展中，发挥了非常重要的推动作用。

这个作用，主要体现在以下几个方面：

第一，就是它对社会公共资源强有力的动员力量。

站在国际青年旅舍角度看，社会公共资源，一个是社会意见领袖，也就是社会精英阶层。国际青年旅舍的使命，对社会精英阶层的动员力量是空前的。德国青年旅舍是世界上最早的青年旅舍，其创办人是希尔曼。在"二战"期间，希特勒很不喜欢他，希特勒要将青年旅舍纳入他的系统。而独立性、普世性，是青年旅舍的重要思想。希尔曼离开德国青年旅舍主席的职位后，他游历世界。"二战"期间他去了美国，会见了当时的美国总统，促使国际青年旅舍思想在北美大地上广泛传播。第一届世界青年旅舍大会是在荷兰召开的，召开的时候，并没有特别丰富的物质条件，也没有特别值得享受的生活资源。但是有荷兰的公主玛丽安娜作为他们的嘉宾

和他们一起跳舞唱歌，所有参加者感到非常愉快。

　　亚洲青年旅舍最早以国家组织形式实现，也是"二战"过后，国际青年旅舍协会的另外一个创始人芒克，来到印度，会见了当时的印度总统尼赫鲁，尼赫鲁不仅组织成立了青年旅舍协会，而且还成了印度青年旅舍协会的第一任名义会长，他还写了一篇关于青年旅舍的文章，号召年轻人去发现伟大印度的历史、风光和文化，号召年轻人为印度的光荣而旅行，为建设一个强大的印度培育自信心。

　　日本的青年旅舍系统，是在亚洲发展得比较好的，日本的青年旅舍协会有一个仪式叫作烛光祈祷，每年举行青年旅舍的年会，每个人会拿一根蜡烛，朗诵一些关于青年旅舍理念的口号，其中第一句写到我们自愿选择

简朴的旅行方式。日本的皇太子妃每年都要到青年旅舍住一晚，以示对青年旅舍运动的支持。

这样一种社会精英阶层的动员力量使得国际青年旅舍从观念到生活方式，都得到政府及社会公众的广泛支持。另外一方面，它将社会作为公共传播的渠道，强化媒介的号召力。

国际青年旅舍运动的使命，无论哪一时代，无论公共的媒体还是政府组织，都不可能忽略。尤其是媒体，更需要国际青年旅舍运动的理念及其生活方式，来丰富提升媒体对年轻人的亲和力，改善提升其社会形象。

2006年，探路者国家青年旅舍成立至今，省内外多家媒体做过大篇幅、多角度的报道，媒体关注国际青年旅舍给一个城市带来的国际化气质和个人生活趣味，所以一个有崇高公共使命的品牌，将非常有利于对社会公共资源的调动。在座的同学，以后有机会从事商业创业，从事企业管理的话，一定要尽量让我们的品牌包含社会理想色彩。不管时代发生怎样的变化，理想主义始终是和年轻人链接在一起的，始终是和社会的未来联系在一起的。

第二，国际青年旅舍品牌的使命，对目标消费者的感召力。

国际青年旅舍的目标消费者，或者说国际青年旅舍运动的参与者可以分成两个部分，第一部分是旅行者，第二部分是像我这样的国际青年旅舍的管理者。在欧洲，早期投身国际青年旅舍运动的那些精英分子，不少是教师、学者等充满了理想主义情怀的人文知识分子。他们的理念不仅得到了拥有理想主义情怀的年轻人的拥戴，其他社会阶层有的把他们在城里的房产捐赠出来开设青年旅舍，或者在有代表性的风景区设置各种各样规模不等的青年旅舍来接待来自世界各地的年轻人。

年轻人都充满浪漫主义情怀，年轻的旅行者是国际青年旅舍品牌使命感召的另外一部分对象。国际青年旅舍的使命除了倡导人们为世界和平去旅行，为一个美好的世界而旅行之外，还带给热爱青年旅舍的每个年轻人传奇的经历或不平凡的青春，走向历史、走向自然、走向他人，而不是孤立在自我的封闭空间里。如果你走向自然，你会发现自然的神奇；如果你走向历史，你会发现历史的伟大；如果你走向社会，你会发现社会的美好；走向他人会和他人建立难忘的友谊。所以，年轻人非常乐意接受青年旅舍的理念，青年旅舍成为年轻人的一种成长路径。

青年旅舍所提供的这条成长的路径，与传统的靠意识形态或社会身份导引年轻人成长的路径是不一样的。一个接受青年旅舍的理念、接受青年旅舍生活方式的年轻人，他们会变得更加宽容，更加独立，他们的视野会更广阔，他们的心灵更自由，所以，青年旅舍的生活方式得到了全世界年轻人广泛的响应。全球有数以千万计的年轻人持有国际青年旅舍会员卡。

第三，品牌使命和品牌实践之间完整的兼容性。

国际青年旅舍的品牌使命和品牌实践之间有非常完整的兼容性。刚才我提到类似可口可乐这类商业品牌，现在为了获得社会认同，也开始关注社会诉求：比如说支持劳工运动，支持环境保护运动。但是这些企业的行为，和它提供的商品的核心利益的关联性不是很强。无形当中会增加企业的传播成本和推广效率，而国际青年旅舍的使命，与品牌实践是一个完全兼容的系统。

品牌价值表达可以分为三个层级：第一个是以产品为基础的消费功能；第二个是以品牌文化为基础的象征价值；第三个就是品牌的社会实现价值。

产品的基本消费功能，是一个产品价值诉求与转换的基础。国际青年旅舍，在旅舍的基本功能设置上，也是能够让年轻人达成理想生活方式实践和体验的。

国际青年旅舍的住宿方式是非常灵活且经济的。一方面价格比较便宜，国内青年旅舍一个床位的价格低的只十几块钱；床位有多人间，分床铺销售。从经济角度很适合年轻人的经济承受力。因为经济，能让更多的年轻人使用青年旅舍，去分享本国自然和文化的遗产，并和来自世界各地的年轻人相聚相知。这也是青年旅舍的社会贡献之一，也是品牌社会功能转化的物质条件。

青年旅舍最早诉求连锁经营，连锁旅舍之间是相互地交流，通过几十年的发展，今天，可在任何一家青年旅舍办理会员卡，持卡可以在全球所有的青年旅舍投宿并享受形式多样的优待。这也为年轻人的旅途提供了很多方便，为年轻人通过旅行丰富自我、感受世界创造了条件。

另一方面是品牌的象征价值。象征价值我觉得可以分成两部分，一是品牌的气质，另一个是品牌的观念，品牌的气质会使消费者对品牌产生好

感。品牌观念，会使消费者对品牌产生认同。

　　我们在全球各个青年旅舍宣传单上，都能看到一个个充满活力的年轻人的形象。他们的形象或以历史为背景，或以自然为背景，或以青年人其乐融融的友谊为背景，这样的气质和形象也深深感染追随者。

　　在观念层面，国际青年旅舍的品牌使命，延伸许多具体的社会诉求：对社会责任的承担、对年轻人独立宽容思想的培养等。这些得到了年轻人广泛的认同。国际青年旅舍还有一个很重要的价值特征，那就是它的社会实践功能。不少品牌试图将自己的理念大声传播出去，和其目标消费者进行交流，但很难转化成使用这些产品的消费者的日常实践，而使用国际青年旅舍，年轻人能够接触到多样化的文明，接触到更多的来自不同国家的

年轻人，可以通过友谊，通过文化多样性的经验，建立宽容的灵魂，而这是通过在旅行途中，在旅舍居住期间，在一种没有国界、没有宗教、没有文化歧视的氛围里自然而然地展开，潜移默化积累的。

在这里，我给大家讲一个去年夏天，我和来自美国的两位客人的接触。这两位美国的客人是一对情侣，他们刚刚结束在菲律宾的教学生涯，他们在菲律宾工作了三年，现计划回美国，女孩子说回美国后要去做社会工作，我问她准备做什么社会工作，她说要回去做狱警，去帮助那些受伤的灵魂，她的男友是一个环境保护主义者。他对三峡移民政策充满疑虑，他的观点明显受西方媒体的影响。当我给他谈到我所了解的三峡的移民以及中国政府对三峡的一些政策后，他说，感觉到自己获得了一些新的资讯。我们还谈到青藏铁路，青藏铁路是一条既让人向往又充满了迷惑的铁路，一方面它给我们到西藏带来了便捷，另一方面大家认为青藏铁路会带来一些环境问题。这个美国年轻人关注的不仅仅是环境问题，他还担心青藏铁路开通后，由于大量的商业和经济活动，会使西藏的文化受到强有力的冲击，他甚至认为这种冲击是一种系统性的行为。我对他讲，如果我们把西藏文化的变迁放到一个更加广阔的背景上，实际是，通往西藏导致西藏文化变迁的高速路有两条，第一条可能就是我们谈到的青藏铁路，第二条就是发源于美国的互联网，信息高速公路。有互联网这样一个媒体，有全球通讯技术，即便是没有青藏铁路，我想西藏文化也会发生历史性转变。当他听到我这样的一个分析以后，他认同我的看法。当时我跟他说：我希望你回去后，立志竞选美国总统。我说，假如20年以后，等我头发花白的时候会感到欣慰。他说，虽然我没有政治抱负，但是我会把我的一票，甚至动员我认识的人，把选票投给具有全球化眼光的候选人。

交流带来观念的改变。这是青年旅舍每天都结出的果实。所以说，青年旅舍的品牌使命，是在日常的行为中展开达成的。

现在，环境问题已经成了一个全球性的问题。在1992年，联合国通过了一个千年环境可持续发展宣言，可持续发展理念已经渗透到年轻人最基本的信仰里。在青年旅舍，对人类可持续发展理念的支持，体现在非常小且密集的细节里，比如说在探路者青年旅舍里，你会看到，废旧电池的回收，废纸的回收，垃圾的可回收和不可回收的分装，只能在规定区域里吸烟，生活垃圾要自助。我们还在旅舍里面开展了持续的节水活动。

探路者青年旅舍的热水系统是太阳能，尤其是冬天，热水从楼顶的太阳能装置到房间，会流很长一段时间的冷水，为了节约用水，我们卫生间放了一个桶，让客人把冷水储存起来，用于洗衣服和冲刷卫生间，我在门口贴手绘海报：我为中国节约，世界为我喝彩。旅舍还为这个活动举行了很大的签名仪式。这样一些小的安排，都是国际青年旅舍倡导的改变世界，让世界变得更加美好的使命的日常实践。

文化交融是国际青年旅舍非常关注的价值环节。只有不同文化间的交流，年轻人才能具有更加广阔的文化视野。现在不少大学生都过西方的圣诞节，去年平安夜，旅舍安排了一个非物质文化之夜，在这个活动里，我们给来自外国的旅行者和国内的大学生，播放了湖北的汉剧《状元梅》，现场，旅舍还送给外国朋友一件特别的礼物：中国的老皇历。我给他们介绍了皇历包含的预测命运方面的资讯，他们感到非常神奇。这种文化的交流会使年轻人摆脱偏见，摆脱固执，摆脱封闭，获得一种更开放的价值观。

过去的近百年，有不少名人住过青年旅舍，我想，现在行走在世界大地，投宿在青年旅舍的年轻人，一定会有人成为未来的世界领袖。我相信，如果他们成为自己时代的世界领袖，将会凭借他们年轻时在国际青年旅舍的特别经历，改变世界发展的方向，改变今天因为偏见、狭隘所导致的文明冲突。所以，青年旅舍品牌的理念在社会实践中的硕果，是值得我们期待的。

通过我们今天这样的交流，我们会发现，一个企业或品牌的使命，将成为一个品牌竞争力和品牌可持续发展的核心力量，以前，我们从营销和市场的角度关注过企业的目标。但企业目标和企业的使命不是一回事。目标是一个有限的战术指向。但使命是超越企业具体目标之外的，我更愿意把这个使命，视为一种超越精神。以此为出发点，未来企业的形态，和我

们今天企业的形态，我相信会发生很大的变化，因为未来人们的生活方式会完全不同，心灵空间的风貌也会发生变化。

我们要摆脱企业的目标和品牌使命之间的不兼容，消除他们之间的

间距，这样会节省传播成本和扩张效率，正如我前面提到的，类似于麦当劳、可口可乐这样的例子，企业要动用其他社会关系，树立形象，通过形象转化建立竞争力。但是类似青年旅舍这样的组织系统，它们不同。类似社会机构又不完全是社会机构，其组织实践，似一种社会运动但又不完全是。

在不久的将来，在座的年轻人，有的会成为企业的CEO或董事长，我希望你们能带着社会眼光来经营你们的企业和人生。IBM戈斯纳说过：要更有远见。

一个企业没有远见，就不可能有战略，没有战略，肯定不会有方向明确和可预见性的战术实践，企业的远见，从哪里来，我觉得就是我们企业家拥有的使命感。这就是我今天的演讲，谢谢大家。

注：本文是在中南财经政法大学工商管理学院主办、中南财经政法大学市场营销协会承办的第二届"现代营销讲坛"上所做的演讲。

# 第二章　财富伦理

第二章　财富伦理

全球化的危机，有资本的份，且以物质主义和一元化的价值观作用于个人，让我们心灵挣扎，行为扭曲。确立新的价值观和财富体系，摆脱单一物化的财富观，既是个体自我的救赎之道，也是个人和组织阻止社会进一步溃败的应对之举。

我曾经建议用"国民生态财富总值"来替代和比照"国民生产总值"，是希望树立一个新的思维，生态质量是我们生命质量的一部分，也是我们生命责任的一部分。空气清新、绿水青山、鸟语花香、蓝天白云不单是一幅美景，还构成生命结构。

其实，对个人而言，也是如此。生命的健康、幸福和完善，一定是生命价值系统的平衡多样。

在我看来，人生价值和财富的多样性，可以在以下六个维度展开：

一、以健康为指向的生命财富；

二、以信仰为基础的心灵财富；

三、以亲密关系系统品质为核心的伦理财富；

四、以个体在与社会的互动过程中获得的社会评价为核心的社会财富；

五、以个人经验的自然环境品质为核心的生态财富；

六、物质财富。

**生命财富：**

生命财富是指个人和社会都把拥有并实现生理健康作为个体生命的指向和使命。毛泽东说过：身体是革命的本钱，这句话的意思我们可以理解为：身体健康是一起积极作为的前提，健康是个体生命最重要的财富，也是社会的财富。

**伦理财富：**

伦理财富来源于人们所处亲密关系系统，亲密关系系统是否和谐，决定了伦理财富的高低。

**社会财富：**

社会财富来源于个人在社会化过程中所赢取的社会评价。社会评价涉及个人的物质属性，更多地涉及个体的精神品格。个体的社会评价越正面，其社会财富值越高。

**心灵财富：**

心灵财富源于信仰也指向信仰；源于心灵的文明经验也指向文明偏好；源于心灵自由也指向心灵自由；源于心灵宽广也指向心灵宽广。心灵财富是个体生命的储蓄所，是我们命运的避风港避难所，个人心灵财富的积累为个体生命奠定方向感。

**物质财富：**

物质财富就一个字：钱。在20世纪后半叶，钱几乎就是上帝，它诱惑并通过诱惑统治甚至绑架了人类。但今天的社会我们已经绕不过它，既然绕不过，就得面对它，把它视为我们生命财富体系的一部分。

**生态财富：**

生态财富既包括生命的环境处境，也包括生命面向自然的态度。环境品质影响个体的生态财富，但心灵和生活与大自然关系的主动与否、深度与否、持续与否，也影响个人生态财富的评估。

生命财富（健康）、心灵财富（信仰、宽容）、伦理财富（平等和谐）、社会财富（信任、尊严）、物质财富（战胜贫困）、生态财富（环境友好），是这些构成个人及社会的财富总值。而不是以GDP和钱为代表的片面的物欲追求。

社会发展的目标除了降低物质财富贫困的比例外，重要的还要降低物质财富在人生财富中的权重。物质财富有基础性，伦理财富、社会财富、心灵财富、生态财富、生命财富也是人生财富中不可或缺的结构性要素。社会贫困的关键是某种结构性贫困，就个体的日常生活而言，我们每个人都应把追求信仰、包容文明、亲近自然、拥有亲密关系系统的和谐以及在和社会互动过程赢取尊严和尊重作为我们的行动指南和生活使命。

　　这就是我畅想和构建的六度财富体系。要说明的是，这六度财富体系并非我个人生活的现实，相反，就是自己生命财富体系的失衡，才让我带着希望构想了这一指导我日常实践的财富观，并尽力实践。

# 青春作伴需探路

**非物质视野:**
## 涉足远方的非物质诱惑
———————

没有人能抵御得了远方的诱惑,自然、历史、文明、陌生人,在我们抵达之前是神秘的,当我们抵达时,清新的依然清新、厚重的更加厚重、丰满的仍旧丰满、亲切的更加亲切。

探索、发现、穿越、对话,每一次自由的远行都是新生之旅。成功的抵达,都如同洗礼,流连不返者寻到了新的归宿;满载而归的,站在了新的起点。

不曾远行的人生是不完满的。

2007年8月3日下午5点左右,由武汉大学的几名在读大学生发起的"2007西藏—墨脱原生态文化探索之旅"在我创办的探路者国际青年旅舍举行了一个简短的出发仪式,之后,几个勇敢的年轻人便踏上了他们青春的非凡旅程。半个月后,他们安全地回到了武汉,并在青年旅舍做了一次总结,更丰富的内容集结在一本厚厚的武汉大学学生暑期社会实践活动报告中。几个年轻人让我给他们的这本名为《中国非物质文化保护的方向》的暑期社会实践活动报告写个序言,我当时一口答应了,后几天我也抽时间仔细阅读了他们的这本图文并茂的日记汇编,也推荐给了武汉其他去过墨脱的朋友看,而且很快就写就了下面这段文字的初稿,但由于其他事情分心,一直没有定稿给这群年轻人,当然这件事也一直萦绕在我心头。我答应的事没有遇到极其特殊的情况是不会食言的。2007年马上就要过去了,这一年对于这几个年轻人来说是值得纪念的一年,我也必须在这不平凡的一年结束前向这几个年轻人表达我的敬意,当然还包括没有按时兑现我承诺的歉意。

平凡的人生都是一样的,不平凡的人生各有各的不同。

在我们所耳闻过的无数传奇人生故事中：有指点江山、激扬文字的激情豪迈；有中流击水、浪遏飞舟的勇敢浪漫，而这也多与青春有关。

而我们这个时代最大的危机和损失就是与青春紧密相连的这种生命的浪漫主义精神和人生的理想主义激情的丧失，取而代之的是过度的物质主义和极端的现实主义。

眼前这几个年轻人的墨脱之行，是对这种社会倾向的一次矫正，是对失去的青春本色的一次涂鸦，是对这个社会流失的资本损失的一次弥补，因而显得特别珍贵。

他们见证了自然的神奇，在自然的怀抱中，他们袒露一颗赤子情怀，感受到了生命的另一度空间。

他们历经了对生死的切身体验，使自我得以成长，年轻的生命获得超越！

他们近距离接触了一个少数民族的原生活形态，被那纯朴的生活方式感动！现代文明对原生态文明的破坏，让他们陷入了沉思，并触发他们开始对原生态文明及非物质文化保护的关注并身体力行。这些使他们的青春注意力发生了改变。

他们的一些思考会提高全社会的意识质量。他们的旅程是寻找自我的旅程；是追寻人生丰富性的旅程；他们的旅程是走向社会的旅程，是勇敢承担社会责任的旅程，而这一切与物质欲望、功名财富无干。虽然他们的行为受到了社会各方的关注与赞誉，但是这仅仅是这种非凡青春经历的溢出效应。我相信这种溢出效应并非这几个年轻人的初衷，也不会让他们沾沾自喜或裹足不前。因为追求真爱，热爱自然，渴望并参与建设一个更加美好和谐的社会才是青春的正途！人间之爱、自然之魅与美好社会才是传奇人生的最终目的地。这就是我常常所说的青春的非物质方向。

自我再造，社会情怀是我们一生的基础课。迷恋物质的灵魂为物质所控制；热爱自然的灵魂最终回到自然的怀抱，为自然所庇护。惧怕死亡的人为死亡所征服，无惧生命有限性的灵魂超越了有限的生命，这才是几个年轻人的福报。

# 新潮生活的那一份简约

最近认识了一个极有特色的地方——探路者国际青年旅舍。从环境看，交通方便，邻近武昌火车站、长途汽车站；人文方面，临近著名的黄鹤楼、户部巷、昙华林、武汉大学、美术学院。房子是一幢20世纪50年代初前苏联设计师设计的三层红砖楼，不小资不精致，却自由随意。这样的位置，似乎是理想与商业兼容，悠闲与繁华同在。

写下这个标题的时候，对于"潮流"两个字，犹豫很久，追赶潮流本不是它的创办人张先冰的主旨，潮流终归短暂，"秀"的成分也太多，而自由、自然、简单所营造的浪漫与其说是潮流，不如说是趋势，并且是人类社会跨越发展初期的荒蛮、迷失之后的共同趋向——回归。但还是用"潮流"代替了"趋势"，也许这就是潮流，网上的文字，不能太官方。

张先冰，似乎生就要踏上破冰之旅，做一个先驱，一个探路者。从普通意义上说，他是个商人，开旅舍的，事实上，他又不仅仅是一个商人，他说他在"推广一种健康的生活方式"，我的理解，旅店只是他完成这个理想的介质。

被这句话打动的瞬间，又感觉好笑。中国经济社会发展到现在，很多商人会运用这种策略，通过所谓的企业文

非物质视野：

## 非物质价值在潮流之外

一个时代有一个时代的潮流，但其流向一定会受到人的解放渴望的牵引。在由资本和信息化所主导的全球化时代，摆脱物和机器对人的统治，是继意识形态之后，人面临的第二次解放，这次解放的方向是回归，回归自然，回归自由，回归简单。

类似青年旅舍这样的空间，让人们的回归之途成为可能。人们在这里获得的远不只是对这种回归的体验，而是一种信念，是一种身心合一的生活实践。

化来影响受众，从而获取客户群。所以，我直接问："你难道不是在经商？经商不需要赚钱？"

是的，我是经商。但赚钱也有不同的赚钱方式，比如说做长远还是做眼前？唯利是图还是取之有道？我始终相信，社会效益与企业效益结合起来才是最好的竞争方式，从长远来看，注重社会效益就是企业的竞争优势，只要认真地做，就会有成效。

他偏好人文学习，圈子里的朋友都证实他是个理想主义者，一个"有梦想的人"，2005年他曾经提出一个庞大的计划，要把首义园改造成"人类口头非物质文化遗产公园"。

但是，他并不迂腐，他曾经是一个成功的网站经营者，一个成功的市场营销策划师，现在，他想做他感兴趣的事情——新生活价值观推广。

探路者国际青年旅舍正好可以圆他这个梦。于是，他不厌其烦地向我介绍青年旅舍的文化理念。从字面上说，就是"自由、自然、简单"。它强调一种回归，也许就是对经济高速发展的遏制，对物质世界的挑战。从操作层面上说，青年旅舍为背包族服务，为追逐流浪的行者提供最低廉的消费，比如住宿每天15元到50元，有双人间、三人间、六人间和通铺，就是没有单人间，大多数房间里没有卫生间，没有电视机。餐饮提倡完全自助，自己动手做饭菜，清理垃圾。

我们很容易联想到——便宜，当然就没有更好的环境和服务。其实不是。张先冰解释，不设单人间、不设单独的卫生间、不置办电视，就是为了打破孤独、隔膜，为了让客人走出封闭的空间，提供更多的交流机会。在青年旅舍里，娱乐节目不是电视，而是背着吉他的歌手放声歌唱自己编写的歌曲，是通铺里一溜客人躺在床上边看星星边聊天——因为天花板是透明的。

我第一次来到位于小东门的青年旅舍，是应作家张执浩、李修文邀请，他们告诉我在湖北美术学院附近。到了美术学院，却没看见青年旅舍，没有想象中的旅舍标志：巨幅霓虹灯招牌，富丽堂皇的门楼，训练有素的迎宾，什么都没有，我就奇怪，一般客人会怎么找过去。问饭店门口的一位保安，保安用手一指，前面不远。走过去，还是没有看到，问旁边小店的老板，老板很详细地告诉我，美术展览馆旁边巷子进去，左拐。据我所知，青年旅舍在武汉开业才一年，这么不显眼的地方，周围的人竟然都知道，而且这么热情地介绍，不知是什么样的营销策略促成的。

美术学院四周充满艺术氛围，墙头的路标、招牌退尽浮华，用各种字体表现，"青年旅舍"几个字也混迹其中，毫不张扬。沿巷子往里走，路旁梧桐树上有一排小小的标志，很不显眼，接下去终于见到立于地面的木质门牌。院子里，一群老外在用餐、谈笑，进入里间，艺术氛围更浓厚，四面墙上没有任何装饰，全是客人信笔涂鸦，有画，有字，各种颜色，不同大小。

"这些，学美术的客人画的？"

"哪里，什么人都有，自由涂抹。"

"都是些什么人呢？"

"老外、学生、艺术家、诗人和自由背包族。"

张先冰介绍，来这里的客人都形成了良好的文化习惯，比如这里没有打牌、酗酒的，客人之间，天生有一种亲切感和参与性。

"后面这个台子经常会举办联合国晚宴。"坐在一旁的客人插话。为什么叫"联合国晚宴"？张先冰说，来自不同国家的旅行者自己动手做菜聚餐，在动手的过程中得到快乐，也能交流更广泛的话题，增进彼此的了解。

　　繁华落尽不过简单，雕饰看惯终归天然。关于青年旅舍，还有很多内容是我没有体验到的，还有张先冰讲到的，一些来自不同背景下的客人对于环保、交流等方面有趣的故事。但是，我想，这里最大的特色就是"简单"。客人选择这里，不一定与经济条件有关，但一定与性格有关。享乐、自我、隐蔽、紧张、疲惫、慵懒，还是青春、自由、自然、开朗、积极？都是一种选择，一种走向。旅舍的门口有彩色的纸条，写着需要结伴同游的信息，谁有兴趣就直接去敲响发邀请函者的房间。

# 人生经验的非物质留存

无论社会文化思潮还是个人生活方式，"小微表达"在2011年都得到蔚为壮观的呈现和释放，"小微力量"的每一次扩散或聚集，都强有力地改变了社会话语生态。

我个人的生活也不例外，当2012年新年钟声响起时，我的微博日记《越境者微观之道》写到了第10001条：微观生活、微观文化、微观政治、微观社会、微观全球化、微观两岸三地、微观教育、朵语录、微观媒体、微观城市、微观街头、微观男人、微观经济、微观广告、坦白录、Twitter14行、微观纪录片、自然日记、微观艺术、乡村记忆馆、微观旅行、方言角里的多边形生活、观影记、越境语录、杂粮布袋、情景与意象等等。从纷繁多样的角度，细密记录了这平凡的一年里，我参与社会、亲近自然、浸润文明以及亲情生活的点点滴滴，有经验、有思考、有情绪、有行动、有文献。而参与社会、亲近自然、穿越文明和拥抱亲情，是我热衷追寻的人生的非物质财富方向。

生活一定要且应该被记录——一件再普通不过的事情，一旦文本化就变得很唯美很诗意。

生活是浩瀚且充满质感的——记录生活，记录情感，也记录思考社会。每个人的日常生活都是由无数"微观点"

**非物质视野：**
## 非物质价值在生活模型里

从某种程度上，幸福源于平衡，幸福就是平衡。

内心世界与生活世界的平衡；生存与生活的平衡；物质体验与非物质追求的平衡；自我与他人的平衡；个人与社会的平衡；生命流逝与记忆创造的平衡。

平衡所支撑的生命的空间景象，带给我们的不是幻觉，而是一幅具体的生活模型。你会在反复的失衡中，不断构建这个模型，最终，也许正是这个模型，为漂泊的生命提供了庇护。

因此，获得平衡是幸运的。

连缀起来的，发现、捕捉、记录、体验这日常生活中的"片刻"，生命的质感能在时光的流逝中经受磨砺，并从中过滤、沉淀下来。

塑造宽容的生活态度——通过写作微博，感觉每一个平凡的日子都是值得经历的，都是有价值的，都是值得赞美的。

多边生活，宽频体验，微观记录，交响创造，这是我2011年生活的全貌。2011年我创作公共诗歌，关注大地生育，拍摄纪录短片，设计社会建筑，传播地方文化，陪伴女儿成长，这些阅历，让我生命的质感得到磨砺。

由于个人际遇的原因，2012年，我的心路历程也发生了些微的变迁，或者说，早前潜藏于心的有些理念，经过岁月的荡涤更加清晰，那就是：个体生命的空间建构，是社会建筑的基石，我开始认识到力求物质处境与非物质追求的平衡，对个体幸福与自由的优先重要性；另一方面，因为经常接触环球旅行者，我逐渐强烈地认识到地方化、地方知识和文明在全球文明中的不可或缺性及在文化与生活方式的多样性中的支撑作用，并借助青年旅舍等其他公共空间，传播本土知识、文化与生活方式。

新的一年，创造条件拥有更多的"小镇生活"的经验，拥有更多的乡村经验，拥有更多的故乡经验，在全球化、信息化及浩浩荡荡的城市化进程中，去发现、体验，保存愈发稀缺且独特珍贵的地方文化记忆和地方生活形态，并和世界分享。

（2011年底，应约给媒体撰写的个人生活年度总结）

# 生命的可能性与社会弹性

　　"傍晚，张先冰坐在青年旅舍的院子里，正在同一位来自成都的旅行者交谈。他穿着印有切·格瓦拉大幅图像的白色T恤，背后大片的绿萝叶片，透过朦胧的灯光投射在他身上。听着他不断提及'非物质''社会责任'等概念，有一阵，我恍惚觉得坐在对面的，就是半个世纪前，传颂于玻利维亚丛林的格瓦拉。"2007年10月1日，《大武汉》创刊一周年特刊，"2006-2007城市文化推手20人"专题，这是该周刊对我的采访。

● 青年旅舍是一个企业呢，还是您个人的一种理念实践平台？

　　我一直认为，无论社会发展还是个人生活，单一或过度物质化的状态是不对的。这会大大降低我们的生活质量，大大压缩生命的可能性，也会让社会失去应有的弹性。因此，在物质取向之外，社会和个人都应该有一个非物质向度。而企业，除了提供物质化的消费价值外，还可以象征或直接提供非物质体验。商业组织的价值，可以经由担负起相应的社会责任，提供健康生活方式等社会价值，实现向"社会企业"的角色转换。

非物质视野：
## 社会资本的非物质诱惑

　　社会资本在人与人之间的交往中发挥效用，也在组织与组织、组织与个人的交互中显示功力。然而社会资本最初是被储存在每个人的心灵深处的，个体心灵空间内社会资本的结构，将影响个体的社会角色，也在一定程度上决定社会发育状况。

　　商业势力扩张的终端是消费者的心智空间，是消费者与消费者之间、消费者与生产者之间的关系网络。而社会资本的流转，正是靠这些关系网络。这就给素以唯利是图的商业力量以赎身的机会。

● 青年旅舍在哪些方面能够提供生活方式和社会价值呢？

　　作为一种社会公共空间，青年旅舍能带给人亲近感，除创造人和自然之间亲近外，更重要的是能培育人与人之间亲如一家的信任关系，其自由、开放的人际文化符合人性。另外，这里倡导经济节俭的生活方式、你可以自带水壶在这里灌白开水，提倡坐公共巴士，提倡自助，可以买菜自己做饭。

　　这些形式至少实现了两种社会理念：一是多样文化之间，在一种平等开放的氛围里相互尊重和交流；二是环保。理念不是背着十字架，也不一定要做苦行僧，而是自然达成的。我个人面临过许多选择和机会，但听到那些单一逐利的纯商业化描述，我就失去了激情。

● 目前为止，您个人对青年旅舍的这种影响方式满意吗？

　　走进青年旅舍的主要是两类人群，大学生和各国的背包客。他们都很年轻，年轻人的改变，意味着未来的改变。他们既然选择这里，就是认同了这里所弥漫或试图传递的价值，即便不完全认同，也多少会受到影响。我相信个体是可以影响周围甚至社会的。

● 除了利用旅舍本身的平台，您还有其他想法和方式吗？

　　目前在旅舍进行的固定活动主要有两个，一是每周四晚上的"社会空间研究所"的讨论，我先后共邀请一两百名学者、媒体精英以及商业领袖参与。之前我们曾经深入探讨过社会资本建设的问题，提出消费者的社会责任

问题。据此还产生了一个小的项目，就是将珍稀动物和环保标识分别制成扑克牌的形式，放大后在旅舍展览，先推概念，再让贫困学生义卖，目前图案已经设计完成了。我还考虑将武汉去年公布的52种非物质文化遗产也以同样的形式推广。

另一个活动是每周六的非物质文化之夜及各高校青年学生的文化论坛。有些大学生们刚来这里时都习惯用功利的眼光看待世界，在慢慢的交流中就转变过来，对社会的责任感更强了。

# 青春的非物质方向

非物质视野：
## 在地旅行的非物质价值

———————————

　　什么叫在地旅行？我所理解的在地旅行，是指在自己的居住地或因公因私外出（开会、出差、探亲、学习等）时，用旅行者的心态和方式，规划日常生活以及在外出地的日程。

　　太阳每天都是新的；身边的社会空间也富于不确定性；个人的日常接触也是多面的，这些都足以带来置身此地、生活他处的体验。

　　作为一种心态和生活方式的旅游，应该伴随自己日常生活的每一时空。

**青年周刊：** 无论是企业界还是文艺界，您都算是一位大家，为什么想到要去创办湖北第一家青年旅舍这个存在明显商业风险、鲜明社会色彩的项目？

**张先冰：** 我渴望通过青年旅舍的形式让更多的青年特别是中国青年朋友学会体验并追求人生的非物质价值。在现代物质化思潮日益膨胀的时代，懂得如何摆脱过于过度物质化价值观的羁绊是一种非常重要的生命品质。在这一点上，国内外青年有着很大的差异，例如，现在越来越多的人开始过十八岁成人礼，在中国，学校会统一为他们举行成人宣誓的仪式，而在国外，孩子们的成人礼便是一次独自环球旅行。背上背包，走向地球村的某一角落，或奔向自己心中曾经许下的愿望之地，或为了某个理想，或纯粹增长见识，丰富阅历，路过之地，下榻在当地的国际青年旅舍——这个完全为国际青年旅行者独立自主设计的全球性组织里，而这在中国是鲜见的。

　　现在我希望通过我创办的青年旅舍及其实践，告诉中国的大学青年们，在宝贵的大学四年中，一定要至少住一次遍布世界各国的青年旅舍中的任何一家！从此你一定会爱

上她，并且我相信她必将影响你的一生。

**青年周刊：** 在国际青年旅舍这个汇集了世界各国怀抱各种理想和爱好的青年的"世界之家"中，是否有让您特别触动的人与事？

**张先冰：** 当然有很多。让我印象最深的是一名来自荷兰，在意大利一所大学生攻读语言学，且对生物学情有独钟的女生。在欧洲，她在一本杂志上看到了中科院水生研究所一名教授写的关于"白鱀豚即将灭绝"的文章，于是她立志要来到中国寻找白鱀豚，终于抵达中国之后，从重庆一路慢行，坐大客车沿江找寻白鱀豚是否存在的答案，结果很令她失望，路过武汉住在探路者国际青年旅舍，于是我认识了她，并和她长聊。她的故事，她的倾诉，她的思想和抱负，她对自己理想的执着深深打动了我，于是我发动在湖北各地的朋友一路安排她的住行，直到完成她走完长江寻找白鱀豚踪影的愿望，尽管结果让她失望了，但是这段历程却成了她一生旅途中一段美丽的回忆，也深深驻扎在我的心中。

还有一名英国人，沿着一条特殊的旅行路线走遍了全球，这就是世界邮政路线。他选择了与普通旅行者完全不同的视角行走在全球各个角落，走到了南极。

一名中国成都的摄影记者在看过美国电影《骑士梦想》后，驾驶着摩托车沿上海—武汉—成都—西藏—尼泊尔行走，最后集结成的一部沿路摄影记录，获得了一著名影展"最具摄影价值奖"。不同的信念诞生了不同的行走路线，也碰撞出最丰富绚烂的非物质生活。

**青年周刊：**事实上，越来越多的青年人，特别是中国年轻人渐渐融入世界青年思想及生活方式的行列，心底同样渴望环球旅行，或者说渴望实现心中某个理想，可是往往物质带来了巨大的局限性，这是无法否认的因素。

**张先冰：**我的看法是，不要将生活中某一因素的影响过于扩大化。物质指标是自己定的，如指标越高，那么控制就越强。国际青年旅舍所倡导的正是通过青旅让青年人体验一种健康的生活方式。比如，青年旅舍的房间有六人间和少量标准间，往往选择标准间的多是中国客人，而选六人，四人合住一间的多是外国人。入住多人间，一方面可以大量节省资源，更重要的是交流！房间，床只是你一天累了躺着休息的场所，其余时间，你可走出房间和周围的人交流，或三五相约去当地旅行，或是和各国青年们一起娱乐。而环保节俭的另一表现在于，无论走到哪儿，这些旅行者一定会选择最便宜的旅行方式和消费品，这就是青年旅舍倡导的摆脱物质束缚的节俭环保、健康的生活方式。

**青年周刊：**部分经济条件确实不理想的青年们，又该如何追寻青春的非物质方向呢？

**张先冰：**精神的自足与自由就是青年的最大的非物质享受，而这确实有很多表达方式。例如：我回家时安排一段和母亲一起的促膝时光；我坚持陪孩子在自然世界散步，这是没有任何经济代价的享受，这就是非物质追求！回想你们自己的经历，你是否认真爬过武大的珞珈山，看看山上古老的树种？是否看过日出，是否抬头仔细看蓝天，低头凝视过绿水和水中的动植物？是否曾和朋友徒步远足？这些不需要任何利益付出的非物质享受有多少人体验过？青年人一定要试图一路探索健康的生活方式并找寻到深深扎根内心的非物质价值、非物质能量，充实地走过无悔的青春岁月，并以此滋养支撑漫漫人生路！

**青年周刊：** 为了理想，为了自己的未来，很多大学生在大学里就开始创业，甚至大批青年人走上了"星秀场"，这和您对年轻人寄予的找寻青年非物质化方向在某种程度上是相抵触的，您如何看待这个现象？

**张先冰：** 我接触过国内外无数大学生，就我的经验来看，大学生创业成功的几率很小。

当今社会，"一夜暴富""一夜成名"的人只有千分之一甚至万分之一，就拿超女来说，除了前三名甚至仅有第一名被大家记住以外，其他名次还有无数报名的少女被人遗忘。站在一个企业家的角度，我可以断定，任何表面看起来追求物质利益成功的青年企业家，在他们背后一定存着一份独立广阔、健全的思想体系。

青年人，贵在积累和阅历，而"行万里路"就为积累和丰富阅历提供了极好的机会和恰当的生活方式。

# 青年旅舍里的非物质预谋

## 非物质视野：
### 小剧场生活的非物质诱惑

网络时代，传统文化的传承有两度空间：一是在线网络世界；一是线下消费空间。而小剧场是线下消费空间的基本单元。这个单元，带来的文化体验不是虚拟的，而是切身的。在这样的空间，消费的过程也是文化体验过程，是生命经验积淀的过程；整个消费空间和流程洋溢文化气息，养育生命，牵引个体趣味、情感和认知的方向。

小剧场生活与商品交易所争夺生活价值阵地。小剧场创造消费忠诚的过程，也创造价值忠诚。

周六晚上，7点20分左右的探路者国际青年旅舍，这个被称为"人文武汉"起点站的地方，十来个年轻人围坐在大型的露天庭院里，正进行激烈讨论。旁边，吃饭的吃饭、喝茶的喝茶、聊天的聊天，气氛轻松自由。

十分钟后，刚刚还趴在粗犷松木吧台上吃饭的张一天和徒弟，已经换好了行头——一白一红的唐装，挪出了庭院中间的空地，摆上铺有蓝色蜡染布的方桌，正对着头顶的几个大字：探路者非物质文化之夜。

二十来人，正好把这个临时改造的小剧场观众席占满，其中不少来客有点莫名其妙：李平和女友是在大马路上逛街的时候，被两个外国人"忽悠"进来的。老外神神秘秘地告诉他：从这个巷子进去，有个挺有意思的地方。小萌今天第一次从桂林到武汉来玩，就被她在武汉读书的好朋友拉到了这里；白朴更是无辜，拎着吃饭打包的俩盒饭，就被朋友拐过来了……

不要过于放纵你的想象力。这并不是一个恶意的搞怪派对，而是一场"非物质文化聚会"。

**隐蔽的"前奏"**

仔细观察，你会发现青年旅舍就像一个充满暗示的城堡。

一个细节：旅舍的公共区域内，有一个湖北口头及非物质文化遗产代表作的看板，上面介绍了中国已经公布的口头与非物质文化遗产名单。其中一个是宜都青林寺的谜语，据说当地曾以谜语为交流方式，于是在这里，一个模拟的谜语社会产生了。只要是猜中了谜语的人，都能够获得旅舍的奖励。

此类的概念化细节还很多，比如这个"非物质文化之夜"。

2006年的圣诞夜，是"非物质文化之夜"的第一次尝试。那一晚很热闹，几十个大学生们，加上一些不能回家的外国青年，聚集在旅舍的院子里。旅舍创办人张先冰给他们放了一出汉剧《状元媒》，还请来了一些专业人士进行即兴表演和汉剧普及。

后来，他还别出心裁，给每个老外一本中国的老"皇历"作为圣诞礼物。"老外们兴高采烈，这是全新的文化形式中的全新体验啊！大学生们也很新奇，毕竟是一次不同于主流文化的平安夜体验！"

气氛比预想的要好，张先冰心里有点乐。当然，这些只是他作为"非物质文化遗产"推手的一个小小"前奏"而已。

## "二张"合谋

"非物质文化之夜"相声专场的产生，是两个男人的合谋。

目前的相声专场掌门人张一天，是个25岁的小伙子，电视台《今晚六点》的主播。利索的嘴皮子，灵敏的思维，老成的举止，还真看不出来只是业余爱好者。

张一天认识张先冰，是在一年前。那时张一天是湖北电台经济频道的主持人，一次节目中，张先冰作为嘉宾，聊到了他"蓄谋已久"的口头与非物质文化遗产。"我起先不知道他对口头文化遗产感兴趣。我一说起来，他当时就激动了。"张先冰回忆说。

于是，磨合后的相声专场在4月21号成型了。头一回有点普及相声理论的意思，从头到尾都是张一天讲"单口"；一周后，他试着推出了几个"徒弟"，也来点对口、绕口令、正反话，还有意把观众也带了进来。更重要的是，这一次活动中，他打出了自己的门派旗号——"亦言堂"！

"队伍的水平先不说，要拉出来就得有个名头。'亦言堂'的'亦'，与张一天的'一'谐音，取'也'之意：不光北方人说相声，咱们南方人也来说；说相声同时也学相声。"

接下来都还顺利，一般情况下，来听的人有二十人左右，正好一满场。最多的5月5号，差不多有30人。没有宣传，没有强迫。只是口耳相传，看看新鲜，经过一批批淘选后，现在留下来的，都是大学生，这个城市里的年轻人，还有世界各地的背包客们。

张先冰的想法还有很多，除了相声，皮影、大鼓等等，那些民间的、活态的艺术方式，都是他要推出的花样儿。5月31号那期，他请街头的流浪歌手过来。

"亦言堂主"的玩法虽是相声表演艺术家潘海波的弟子发起的，但亦言堂"堂主"张一天并非科班出身，只是从小对相声有着浓厚兴趣，没事儿就打开广播，听段子学普通话。正儿八经的相声启蒙是十五岁，报名参加了一个儿童相声启蒙班。"人家都是七八岁，我是班里最大的俩孩子之一。不过每周一次的相声课从来不误，练绕口令，排小段子，不亦乐乎。"

1997年和1998年，张一天还在大学播音主持专业学习时，偶尔也去演艺吧走走场子。"那会儿叫'垫场'，年纪小，镇不住场子，价码也低。"即使现在，张一天有了"徒弟"，但都把"徒弟"加上了引号，他嫌自己资历不够。

"亦言堂"的弟子们目前固定有五六个，都比较年轻，有一半是学生。大三女生方洁就是其中之一，还有湖北大学化学专业的刘家宇，虽未正式入堂，但已然是每次活动都到场的忠实"张粉"。

张一天的相声活动不只在青年旅舍。解放公园的夏冬升评书馆，也是他每周要去的地方。今年正月的一次活动上，张一天去那儿做了一回主持人。第二回去的时候，就开始上段子了。连续半个月，张一天每天晚上七点半准时到场，一个人说单口相声。

后来实在累得不行，改成了周五、周六两天晚上。张一天还想方设法找搭档说"对口"，甚至还把学声乐的女朋友也"拖下

水",去唱柳话段子。

实现与青年旅舍的对接后,张一天每周五、周六成了固定"走穴"时间。周五是解放公园,周六是青年旅舍。五六个"徒弟"们也在形势需要下迅速地成长。"一般来说,解放公园那边要求高些,都是比较成熟的段子,小家伙们上的少。青年旅舍这边,我就逼着他们上,这样学得快啊。不过也真难为他们了。"

虽然弟子们水平有限,但张一天一点不急。"现在正是磨合、完善队伍的好机会呢。"而且,他把这事儿看开了,"有的段子都是头天晚上几个人聊天'攒'出来的,一点压力没有。有压力的是工作,在这里。"他指指自己的办公桌,办公室。"相声,那是玩儿呢。"

大方向:小剧场张一天在博客上这样激励自己:北有德云社,南有亦言堂。

"虽然我想把这事儿做大,但目前还不现实。"只有一点他心里很明确,"非物质文化之夜"的发展方向是小剧场,就像郭德刚的"德云社"。"'德云社'是让相声走回传统,但我们要把相声向前推一步,同样是走剧场路线,向台湾学习,向赖声川、冯亦刚学习,实现它和戒剧等其他形式的嫁接。因为相声本身已经很完备了,也因为我们是年轻人。"

对此,张先冰的想法是一致的,"青年旅舍的公共活动空间,就是个小剧场的发展模式"。因为商业上的考虑,他现在面临的最大问题是,表演水平和造诣相对较低。但回头想正是因为纯粹的热情的意愿,才不会丧失快乐交流的本质。

"否则,卖个几百块钱的门票,做成了商业行为,现实的服务管理都有了压力,就得换场所了,那就变成了另外一种模式,是另外一回事儿了。"

## 只是启蒙

来过两次的武大新闻学院学生小许，很快喜欢上了这种新颖的活动形式。"仅仅沉溺在旅舍的氛围里，也是一种享受。因为它与商业无关。"但理性的时候，他也坦言，这种小众文化产生的影响力，还是让人忧心。

张一天有忧虑，但更有乐观：虽说创新还不够，演出也没能形成系统，但毕竟刚刚开始。演员和观众的水平参差不齐可以理解，有了热情和坚持，相信可以走得很远。"形式初级，内容单一，都是现存的问题。但非物质文化遗产的传承就是这样一个伟大的工程，并不是个人之力可以达成的，要有一个更宏观的体系性的行动来推动它。"

如是所闻，这些只是一次启蒙。它不是市场的，而是以正面的、理想化的方式在进行。对此，怀有一点期待和惊喜都不算过分吧。

# 教育：培育内在感受力
# 及社会热情

非物质视野：
## 爱的教育的非物质价值

爱或感受到爱，是最神圣也是最温暖的生命体验。爱的教育是传递爱并经由源源不断传递出的爱，唤醒对爱的感受力，从而让爱在传递与感念中持续回荡。爱创造爱的共鸣。

爱和责任是生命的两翼，人生的成长，就是这两翼丰满的过程。丰满的生命翅膀，一定能将生命带到创造与自由之巅，爱的教育是围绕这两翼展开。

在人生不同的阶段，人们扮演不同的角色，可无论怎样的角色，爱和责任的履行都是最基本的任务。

女儿6岁那年，刚上小学一年级。女儿做完作业后，哄她入睡，是张先冰每晚必做的功课：躺在床上，和孩子一起聊聊"今天最开心的事"、"今天遇见的好玩的人"。不一会，女儿就进入梦乡。

从孩子出生，到成为一个小学生，抱孩子玩乐、陪孩子睡觉，6年多来始终如此。张先冰不认为自己溺爱女儿。他认为，一方面，这是一个父亲应尽的责任，另一方面，父母的爱愈饱满，孩子爱和感受爱的能力越强，"人的一生，爱和对爱的感受力是第一位的"！

张先冰进一步举例阐述自己的观点："在车上，别人给你让座，作为受惠者，你却不知感恩，表现很麻木。这种人一定是幼时对爱的体会不深，因为爱在他（她）的心里得不到呼应。"

"'学知识、读名校'，不是教育的全部"，张先冰说，"要让女儿内在的'自我'的健康成长。"在张先冰看来，内在自我的发育，离不开爱。同时，自然的浸润与启迪，也很重要。

女儿小的时候，爸爸每天都会给哼的音乐有：《蓝蓝的天上白云飘》、《蒙古人》等。这些音乐里有草原、有

天空，意境广阔悠远。

　　家住长江边，张先冰常带女儿去江滩玩，即使天气较冷，也让她浸足入水，或让她趴在地上听涛声。女儿刚出生时，他就给她买了一台天文望远镜。白天，他抱着女儿观飞鸟，夜间，他和女儿一起看星星、月亮。

　　"想象力和创造力，也是内在自我的重要构成。"张先冰说，"我一直不认同将孩子的注意力全部集中在知识的获得上"。

　　2004年5月，张先冰夫妇带着一岁十个月的小芸朵，参加四川三星堆举办的国际面具节。"那天下着很大的雨，我们打着伞，女儿骑在我头上参加面具节游行。大街上放眼全是面具，很夸张。充满神秘感和想象力的面具，会拓展女儿的想象空间。"

　　2005年6月1日，夫妇俩又带着3岁的女儿到杭州参加中国首届国际动漫节，一呆就是7天。"动漫的表演性感受比面具更强烈，可以让女儿更多地感受艺术形式的冲击。"

　　"有一次，我带女儿跳绳，她的最高纪录是连跳86次，但后来却再也达不到这个目标，她急得直哭。我意识到86次这个目标对她来说已成为负担，就让她玩花样跳绳，闭着眼跳、转着圈跳、边跳边退等，她玩兴大增，不仅忘了达不到连跳86次的不快，还自己创造了6种跳绳花样。"受跳绳启发，吃东西时，她也开始换花样。

　　"有了创新意识、想象力意识，人生体验会更丰富。"在张先冰潜移默化的教育下，小芸朵常有创意性的语言。做作业时，张先冰问："要不要爸爸帮你？"小芸朵答："爸爸你让我自由泳。"在江边玩耍，看到一个很长的曲线形遮阳棚，她会感叹："它长得像海浪。"张先冰问女儿："什么是无聊？"小芸朵说："无聊就是没有其他小朋友，带着好玩的东西一起玩。"张先冰说，这个解释很传神。

9月17日晚，电视现场直播残奥会闭幕式，张先冰让孩子放下作业看电视，一方面，残疾人运动员自强不息的精神能激励女儿，另一方面，盛大的闭幕式对孩子来说是个视觉的盛宴，而且还有动漫与童趣，也会带给孩子快乐。

9月25日晚，"神七"发射，张先冰提前与女儿学校的教务处长沟通，建议当日不布置家庭作业。他提了四条理由：看"神七"发射，会让孩子对科技更感兴趣；孩子对科学家、航天员产生景仰之情；太空的神秘感，将激发孩子的联想力和探索精神；现场直播有故事情节，孩子们会很专注地把它看完，也可提高阅读能力。

学校取消当日的家庭作业，孩子们欢呼雀跃，家长们奔走相告。没作业的日子，对孩子们来说就是节日，节日和"神七"联系在一起，张芸朵对"神七"印象特别深。上周，她还曾指着一个锅炉对张先冰说："那有个返回舱！"

"关注公共事件，还能培养孩子的社会热情。"而"培育孩子的内在感受力和社会热情"，是张先冰所选择的教育孩子的方向。

# 第三章　跨界传播

第三章 跨界传播

引言：价值观营销的传播之道

酷眠的力量

温暖、自由和责任贯穿的生活

融合生活与艺术的边界

『孤独星球』有你有我还有他

——『地球一小时』日记

最牛创意是创意人生

热烈美妙的『潮人见面会』

生活方式改变世界

投资非物质价值，输出健康新生活方式的企业，其生产力的核心是传播力。没有传播，其要弘扬的生活态度、生活方式、社会愿景，将会被束之高阁，继而销声匿迹。

价值观营销系统的传播特征，是观念性、多面性和体验性。倡导健康新生活方式，就得提供健康新生活方式体验；倡导追求社会美好，就得向消费者提供社会参与实践。

没有抽象的观念，价值观无法被识别；抽象的观念，如果不和日常生活和社会实际相结合，便无法被体验；与日常生活相结合的价值观，缺乏想象力和创造性的表现，其价值影响会被削弱。重要的是，如果价值观在传播过程中，缺乏价值观和生活方式的倡导者本身身体力行的实践，其公共魅力将被显著削弱。

# 酷眠的力量

重复意味麻木,重复意味禁锢。走出重复,意味新生;走出重复,意味自由。

具体的时空塑造生命的形态,挣脱重复的缠绕,生活会迈向新空间,生命会释放新能量。

生命有内在的出走冲动,但出走的方向会受到文化的牵引,这便为健康的力量预留了空间。

与生命相伴随的美好,都是在大方给予、共享共担以及相互感激中产生的。因为真诚的给予与分享,因为自觉的付出与分担,因为虔诚的感恩与铭记,让美好亲密关系的建立有了日常化的演绎之道。

温馨的情感渴求,并非仅仅局限在亲密关系之中,它会涌现在人与人之间交往的每一时空。如果这成为事实,温暖会弥漫在社会的每一个角落;如果这还没有成为事实,那无价的爱和关怀就值得去传递。

2008年世界睡眠日,晨报《新生活周刊》用整版的篇幅,推介我提出的新生活方式:"酷眠"。"酷眠"作为一场新的睡眠运动开始走进人们的夜生活。除武汉本土媒体外,酷眠运动也引起国内媒体的关注,成都的《华西生活周刊》也以8个版面的篇幅报道了相关话题。

**世界睡眠日新生活倡议:换一张床 "酷眠" 一回**

在经营青年旅舍的这两年,张先冰发现来到旅舍住宿的,不只是旅行者,甚至有很多是本市的人。他们来睡一晚,也许只是为了散心,也许是和朋友小聚。但这启发了张先冰,让他开始思索睡眠形式对家庭尤其对于现代都市人的意义。

睡眠是人类生存和生活方式的重要组成部分,缺乏新意的睡眠可能降低人们的生活品质。3月21日,世界睡眠日。探路者国际青年旅舍创办人,新生活方式倡导者实践者张先冰,在这一天,借助《新生活周刊》提出一个全新且有趣的睡眠概念——酷眠。

怎样睡觉才算酷?什么样的睡眠是温暖而健康的?张先冰的想法让很多人对于睡眠有了重新认识,也跃跃欲试,打算给自己的睡眠来个改善。

日出而作,日落出息,千百年来,"睡眠"只是人类进行自我调节的一种生理本能,持续的劳作之后,一次充足的睡眠，能够快速恢复体能，以便能投入又一次新的劳作。由于人们的睡眠活动大多长期在同一个空间里展开，由此可能造成我们对亲情、友情以及生活中许多美好事物的麻木，而这种迟钝会无形中降低我们的生活品质甚至社会品质。

现代都市人生活在一种竞争日益激烈、工作节奏日益加快的环境当中，心理紧张、精神压抑、封闭焦虑构成人们的主要心理问题。生活、工作和学习在这样一个喧嚣都市的人们，开始越来越多地选择带着朋友、爱人和孩子到一个陌生的所在，住一两晚，在一个全新，安静的空间，体会不一样的感受，放松疲惫的心灵。有的甚至自带帐篷去露营……这些新的睡眠生活方式浪潮我们称之为：酷眠！

一夜酷眠能成就我们生命中的积极体验，正是在这样的时代背景下，在集体失眠的现实下，我们倡导一种新的睡眠文化和睡眠方式，在这种全新的睡眠形式中，人们不再把家庭作为自己唯一的睡眠地，而尝试或独自一人，或三五好友，或夫妻二人，或一家三口，甚至可自带帐篷去露营，有的年轻人还利用节假日回家陪上了年纪的父母睡一晚，陪他们说说话，聊聊天；有的家庭城里有一套房，郊区还有一套房，便可利用周末到郊外度假过夜……这些新的睡眠生活方式浪潮，即是我们要倡导的酷眠运动！

酷眠运动远非换一间房过夜或在另一张床上做梦那么简单，这种新的睡眠文化带来了生活的新感觉。在我们看来，睡眠能成就我们生命中积极的体验，倡导人们经由睡眠努力培育人间真情；唤起大家对人间真情的珍惜以及对自然和生活的热爱；享受更加健康快乐的生活！

# 温暖、自由和责任贯穿的生活

非物质视野：

## 日常超越创造非物质价值

超越性和日常性，如同一枚硬币的两面。没有超越性的日常生活，会被日常迷惑；同样，失去日常性的支撑，超越性也无法显示其力量。

让生命的日常空间充满超越性的光亮，让超越性的光亮，引导生命在日常空间穿行，日常不孤立，超越也不外在，这是超越带来的生机与饱满。

3月21日，世界睡眠日。去年这个时候，张先冰借用《新生活周刊》，第一次提出一种有趣的新生活方式"酷眠"。他建议大家，改变将家作为每日睡眠的唯一选项的习惯，利用周末间歇尝试和家人或三五好友，到这个城市有特色的旅舍或于对自己有特别意义的空间去住一两个晚上，甚至可自带帐篷去露营等。

除"酷眠"外，张先冰还结合自己日常生活以及在青年旅舍的经营实践，提出了许多在生活中易于实践的新生活方式，被人们称之为"新生活方式推手"。

张先冰关注日常生活形成的习惯。在他看来，习惯的一点点改变，尤其是得到众多社会成员支持和响应的习惯的改变，就可能成为改变社会风貌的巨大能量——这成了张先冰提倡并竭力传播"新生活方式"的社会学依据。

张先冰说，也许是自己对社会生活和私人空间的现状比其他人更具敏感性和紧迫感，更渴望温暖、真情和责任贯穿其间的生活成为生活常态。

张先冰的新生活倡议，除"酷眠"外，还有"悦行"和"锐购"。

"悦行"提倡健康出行、绿色出行和愉悦出行。30分钟能够抵达的地方坚持步行，45分钟能抵达的地方可骑自行车，一小时可抵达的地方坐公交车。

"锐购"提倡适度的、有立场的、快乐的消费态度。消费者是具有消费责任的，对于破坏社会资本的企业和产品，消费者应采取拒绝消费，用购买权投票，通过消费行为，展现我们的原则和态度，这就是消费的锐性。

"酷眠"、"悦行"和"锐购"，所涉及的都是人们日常生活领域，这些领域的改变，会直接传导到社会结构及精神层面。

**记者：** *为什么你可以思考出这么多的新概念?*

**张先冰：** 这也许和我的身份、角色有关，作为生活的体验者，我直面生活，我关注通过生活方式的改变而改变我们所置身的环境；作为青年旅舍的经营者，接触来自世界各地不同文化背景的人群，我关注他们的生活态度和价值观；作为一个父亲，我关注孩子的教育，关注父母行为对孩子的影响。重要的是这些角度是我们每个个体可以身体力行的。

**记者：** *提出这些概念，在推广的过程中会不会觉得孤独呢?*

**张先冰：** 作为个人来说，这些概念和倡议对我的生活质量带来了支撑和改变，能给我周围的朋友们带来共鸣。每一个概念，我要先武装我自己，有理念支撑，我的信念会更有力。当然，我希望更有话语权的人士和媒体来一起推动，这样社会就会尽快收获新生活的果实。

**记者：** *新的生活方式的改变，给你带来怎样的感受?*

**张先冰：** 关注生活点滴的变化，你就会感受并体验到有色彩的生活。信息成为了一种智慧，然后会激发你思考更有价值的生活，并乐在其中。当然，如果我倡导的观念，我自己都不能坚持，我身边的人都不实践，我会失望。

# 融合生活与艺术的边界

**非物质视野:**

## 艺术生活的非物质诱惑

自由和创造丰富生活，而艺术的禀赋，就是自由和创造。充满自由和创造的生活，本身就是艺术。

只有靠自由和创造的驱动，艺术才可能与生活相融，由想象成为一种生活方式。

作为生活方式的艺术，不再是一种灵感和顿悟，而是一种习惯，一种态度，一种情操。它带来惊喜、勇敢，也带来热情、奔放，让生命富于感染力。

2006年春天，湖北美院大门往螃蟹甲方向不到100米的巷内，武汉第一家国际青年旅舍静静地诞生了。

4年过去了，这里接待了来自世界30多个国家的旅行者，其中不乏诗人、乐队、画家、纪录片导演等。这里已经成了外国旅客了解武汉的一个渠道和窗口。

湖北美院以及武汉本土的艺术家们也常来这儿举办沙龙和展览。探路者国际青年旅舍的创办人张先冰说："一所优秀的艺术院校，其艺术气质必然辐射到她所在的城市空间，紧邻湖北美院的探路者国际青年旅舍是这种辐射力、影响力下的一个具体化的存在，趣味的契合让后者生态地融入了其中。"

### 从中国美院对面的青旅得到启发

2005年6月，张先冰一家到杭州旅行，入住南山路国际青年旅舍。以前旅行时也曾住过青年旅舍，但南山路上的这家青年旅舍给他留下了深刻的印象。入住的老外特别多，不同国家的旅行者在这里亲切地交流互动，多元化的文化氛围扑面而来。

最得天独厚的是，这家国际青年旅舍的街对面就是中

国美院。张先冰在中国美院参观时发现，刚刚走出的青年旅舍与这所著名的有浓郁文艺氛围的艺术院校有着极其相投的内在气质。

除了在当代艺术批评及观念艺术创作有持续实践外，张先冰在商业思想方面也有广泛涉猎和独到研究，中南财大工商管理学院兼职教授也是他的身份之一。张先冰不看好单一提供商品的功能价值、象征价值的企业形态，他的商业思想是，理想的企业是能直接提供一种健康的生活方式，一种负责人的生活艺术。

住过杭州国际青年旅舍后，计划开一家国际青年旅舍的想法，在张先冰的脑海里愈发清晰强烈。

## 湖北近现代的艺术大家都曾住过

回武汉后，在他急着到处寻找合适的旅舍空间时，一个美术圈的朋友给他推荐了美术院的一栋红房子。穿过湖北美术学院和湖北省美术馆中间小巷，张先冰来到了一幢老房子面前。

20世纪90年代，张先冰曾主编过省艺术研究所《楚天艺术》杂志，常与湖北美术院及湖北美术学院的教授们讨论艺术理论、交流艺术创作。那个时候，他也常来美院这边，但从未注意过这幢苏式三层红砖老房子。院内堆放着一些杂物垃圾，显得有些脏乱。登上三楼，凌乱地放着一些美院学生的画架。

湖北省美术院国家一级美术师程明从小就是在这里长大的，他的父亲是油画大家程白舟。程明介绍说这幢建于1953年的房子最早是湖北艺术学院美术系8栋学生宿舍，后来一些美术馆和美术学院的老师艺术家们也都住过。从20世纪50年代到80年代，他的邻居们有中国画大家汤文选，油画壁画艺术家唐小禾、程犁夫妇，水彩画大家魏正起……"可以说，湖北近现代的艺术大家都曾住过这里。"

　　从小左邻右舍都是艺术家，耳濡目染下长大的孩子，对于在墙壁那么大的画布上作画、几分钟就被人画个速写的神奇，他早已见多不怪。

　　20世纪60年代，省电影公司美工队培训班来这里，孩子们还有免费的露天电影可以看；步行远一些，还可以去武汉音乐学院听一场音乐会。这种成长经历，和别的大院的孩子是完全不同的。

## 做一个自由奔放的艺术空间

"不是要小资的，而是想要做成自由奔放的有品质的生活艺术空间。"一开始张先冰就对探路者青年旅舍的定位十分明确。

青年旅舍迎来的客人中不乏资深驴友和摄影发烧友，他们建议他可以将这里整体装修得更完整一些，而张先冰不这么认为，"这里就是一个需要和旅客互动、自我生长、慢慢沉淀的空间"。

旁边湖北美院的涂鸦社团来到这里，将院子外一整面墙壁都做了涂鸦，充满年轻气息。网络上，这家青旅也被很多人称为涂鸦旅舍。旅舍内的墙壁上，旅客们可以随意涂画和留言。目之所及，只要有墙壁的地方，都被各国文字和图画占据。二楼的墙壁刚刚经过重新粉刷，"要不新来的旅客就没位置再写了"。

开旅舍没多久，让张先冰意外的是，不少准备考艺术院校的孩子入住了青年旅舍。因为这附近美术培训班很多。住青年旅舍的年轻人，他们则有了更直接接触不同文化和艺术的机会。因为这里常常有来自世界各地的乐队、纪录片导演和摄影师等。这对于一个心怀艺术梦想的年轻人来说，是非常难得的空间。刚刚过去的这个周末，这里又举办了一场别开生面的非洲手鼓表演。

"从书本和老师口中学到的艺术是纸上的，而住青年旅舍可以接触到的很多老外是生活中的艺术家，他们将艺术演绎成了生活方式，这种感染力是很大的。"

最初做装修设计时，张先冰还特别购置了几千元的专用照明设备。他要将这里打造成一个展览型的旅舍。旅舍会不定期地举办电影展、摄影展、DV展、画展、雕塑展等，还有美术推广机构发布会在这里举行。

从青旅出来，门口湖北美术馆和美术学院每天都有不少免费艺术展可以观看，对于住这里的来自世界各地的旅客来说，是很有惊喜的附加值。

## 与其放在宿舍里蒙灰，不如让更多人看到

正在美院油画专业读研一的女生茉莉在探路者青年旅舍兼职已有2年了，"连自己都没想到会待这么久"。

最初想来兼职，出于想练习口语的目的。但工作时间久了，慢慢地发现了这里更多的乐趣。老板常会淘回来一些二手家具，让她随意发挥涂抹一番。她的很多同学们也越来越喜欢来这里，和老外们互动聊天，给他们画像。不少人将自己的毕业作品和画作放在旅舍里。与其放在宿舍里蒙灰，不如让更多人看到自己的作品。如果被某个客人看上了，不仅可以实现一笔交易，也可以多交一个朋友。"在这里，每天都是新鲜的。"

下午的露天庭院里，从美院毕业好多年的70后老孙又在呼朋引伴。对于喜欢旅行、住过许多不同城市青年旅舍的他来说，探路者青年旅舍是"独一无二的"。他喜欢在这个老房子前，看阳光从树叶间洒落下来，想象以前那些老师们从这里进进出出的情景。全国到处跑，每次回武汉，他一定会来这里，他说这里有归属感。

晓玲也是湖北美院油画专业的研究生，刚到武汉由于宿舍安排问题在这里暂住过一阵子，仅几天时间就喜欢上了这儿，同学中几乎没有不知道探路者的。像他们这样没事就跑来坐着聊天喝茶的挺多的，她说没把这里当青年旅舍，她说这里就是一个"窝"，在这里和老朋友喝茶聊天，就是"在生活中感受艺术"。来这里的人们，行业各不相同，但精神层面是相通的。

## 送你一首《晚霞中的红蜻蜓》

武汉的国际化程度不算高，还不是众多国外游客的旅行目的地，但有一家国际青年旅舍，就会吸引来很多国内外驴友的停驻，进一步走进、了解武汉这座城市。

往来三峡的国外驴友很多，不少背包客发现武汉有一个国际青旅后，就将行程多加了一个，来武汉看看。旅客通过旅舍前台贴心的《武汉十个值得去的游玩地》卡片，还有丰富的活动了解这个城市，认识这个城市。

4年时间，这儿接待过世界30多个国家的旅行者，其中不乏乐队、画家、纪录片导演等。2007年，百老汇音乐剧《42街》巡演到武汉，其主创人员特别到此，与本地的青年们交流，近距离互动。

前阵子旅舍接待过两个日本男生，他们去荆州寻访三国历史，遗憾的是钱包护照遗失，急坏了。旅舍赶紧帮他们联系荆州警方及补办护照事宜。张先冰看他们很沮丧的样子，就和女儿一起给他们唱起了日本民谣《晚霞中的红蜻蜓》，两个日本小伙感动得哭了。他们回国后与旅舍联系，说在中国旅行中最难忘的就是武汉。

"你不知道这些世界各地的年轻人以后会从事什么工作，他们在这里感受到的一切也许会为他（她）以后从事的领域与武汉搭建合作平台。"张先冰说道。

# "孤独星球"有你有我还有他
## ——"地球一小时"日记

**非物质视野:**

## 星球公民的非物质诱惑

只有当你参加到在我们生活的这个星球的各个角落同步举行的一场与保护这个星球的命运有关的行动当中时,星球子民、星球公民的感觉,才会真切强烈。同时真切体验到的,还有你、我、他息息相关的命运感。

这样真切的体验,是生命的一次延展,是灵魂的复苏与升华。延展、升华的生命,从此摆脱了过去的狭隘,觉醒的灵魂将始终引导我们的情操。

在茫茫宇宙,有一颗孤独的星球,她的名字叫地球,她养育我们,我们却不知不觉在伤害她……

今夜,2009年3月28日,我们以爱的名义,宣誓我们的责任:从此我们要将关怀的种子撒向大地,让责任的光芒闪耀四方……

加入我们的行列,"今夜一小时,人生永相随","人类一小时,地球千万年"……

从1912年开始至今,国际青年旅舍作为20世纪的新生活力量,以当地文化坐标的形式出现在世界的各个角落,方便人与人之间、不同文化族群之间的沟通交流,是传播人类文明和新生活态度的朴素驿站,是新文化势力崛起的起点。武汉探路者国际青年旅舍,是湖北省第一家国际青年旅舍,一向以倡导健康的新生活方式和可持续发展的社会理念为己任,2009年3月28日,我们将积极参与"地球一小时"活动并不间断地推动"地球一小时"所倡导的环保价值观,鼓励在旅舍居住的客人从点滴做起,从这里做起,从今天做起,号召全球的旅行者意识到自己文化和环保大使的天然角色,从自己开始使节约能源的举动感染周围每一个人.,感染这个世界……

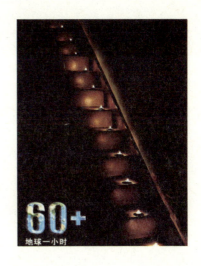

活动时间：2009.3.28 晚8点30——9点30

活动内容：烛光聚谈 地球故事

活动程序：

18时30分——20时播放环保题材纪录片

20时——20时30分播放"地球一小时"宣传片、地球一小时海报签名、建议旅舍客人向亲朋好友传递短信："地球一小时，你关灯了吗！"

20时30分——21时30分熄灯一小时：烛光聚谈

来自世界各地的旅行者分享途中的地球故事：感受地球传奇，传递绿色情怀

21时30分活动结束，鼓励参与活动的朋友将自己在探路者青年旅舍的"地球一小时"经历，通过各种形式途径向外界展示，让更广大的公众参与到保护地球环境的行动中来！

上面是探路者青年旅舍2009年"地球一小时"活动海报的内容。那一晚，我用日记记录了自己的见闻。

**7点30分**

我在安排好青年旅舍的"地球一小时"活动后，和青年摄影师胡拉(2008年平遥国际摄影展最佳新人奖获得者)一起来到武汉街头拍摄灯光闪耀的城市夜景，同时见证"地球一小时"这个城市的态度与行动！

### 7点40分左右

我们来到位于中山路和和平大道上交叉路口的华润凤凰城：其商业广告绚丽夺目，奢华耀眼。

### 8点左右

位于长江南岸的长江观景第一台：放眼两江四岸，城市的夜色被灯光的波浪簇拥。万里长江第一桥、晴川桥、长江二桥、龟山电视塔一片灯火辉煌。不夜城的怀抱毫不掩饰地裸露在我们面前。

### 8点10分左右

武昌江滩公园广场，这里距万里长江第一桥、晴川桥、龟山电视塔更近，我们几乎能感受到灯光的热度。

### 8点20分左右

我们来到平湖门一带，正好有列车驶过长江大桥，大桥辉煌的灯火和列车流动的光影让我们仿佛置身虚幻的时间隧道。

### 8点30分左右

我们来到武昌桥头，黄鹤楼还有龟山电视塔，一个在我们眼前，一个在我们身后。我和青年摄影师胡拉站在大桥头，等待8点30分的到来，当8点30分到来的时候，我们见证了这个城市的几个重要的标志性灯光景观没有关灯的状态。两江四岸依然霓虹闪烁、灯火阑珊。

### 8点50分左右

我们返回位于中山路的华润凤凰城，其路边的商业广告依然灯火辉煌，奢华夺目。

### 9点10分左右

我们回到青年旅舍，旅舍公共场所的灯光全部熄灭，旅舍酒吧正在举办主题为"孤独星球，今夜有你我——我的地球故事"的烛光聚谈。几个外国朋友正在讲述他们的旅行故事。旅舍二楼有两间房灯光没关，我让工作人员去给房间的客人提醒提醒，有一个中国客人居然说，关灯后，黑灯瞎火的不知道干什么。工作人员告诉她，可以下去参加我们举办的烛光聚谈，她说她不想参加。

### 9点20分左右

我以青年旅舍的主人身份向参加烛光聚会的世界各地的客人们做了一个简短的演讲，我首先叙述了我和青年摄影师胡拉先生的"地球一小时"武汉街都记录之旅，然后向大家介绍我们举办这个烛光聚谈的初衷：希望通过大家在青年旅舍的这一次体验，能将环境保护的理念和生活方式带到大家的日常生活中，带到你们的家庭、你们的城市、你们的社会、你们的国家，履行我们这一代人的使命：孤独星球有我们的呵护！我说，我也非常荣幸的地能和来自世界各地的朋友们在武汉，在武汉的第一家国际青年旅舍经历这一个难忘的夜晚。

我说完后，几个外国朋友一定要通过翻译告诉我：这个夜晚令他们记忆深刻，他们说，这是他们旅行很久以来所经历的唯一一次的心灵的沉淀，他们向我保证，一定会把在这里获得的有关地球的故事和绿色和平的理念带到他们的家庭、城市、社会和国家，成为自己日常生活的基本习惯！我通过翻译告诉他们：我们有很深的共鸣！

### 9点30分前后

一些朋友在我为女儿朵朵准备的"地球一小时"宣传倡议书上签名，并合影留念，来旅舍聚餐的里由兄和他的朋友们偶遇"地球一小时"，进行了一顿烛光晚餐，并和我们一起合影！

# 最牛创意是创意人生

非物质视野：

## 创意思维的非物质价值

一定程度而言，生活的值不值，要看生活得是否有创意。

有创意的生活，并不仅仅指好玩的生活，尽管好玩对人生来说也很重要，但生活得是否有意义，是否有价值，也是值得每个人展开创意的。

在我看来，让人们感激的人生，胜过让人羡慕的人生。这就揭示出创意思维的指针：是单向度指向自我，还是指向自我和他人的关系；是仅仅只围绕自我转，还是从自我出发指向环境和社会。

### 创意市集：青春的剧场

2007年圣诞期间，《武汉晚报》在销品茂广场举办了一场较大规模的"创意市集"活动，这也是武汉地区由媒体和企业联合举办的第一场真正意义上的"创意市集"。

"创意市集"在中国的兴起，源于三联书店出版的一本叫《创意市集》的小册子，这本小册子介绍了在英国伦敦地区的一些有代表性的"创意市集"艺术家的作品及创意生活。后来有媒体以"创意市集"为名，分别在广州、上海、北京等地举办了相关活动，从此"创意市集"为越来越多的都市年轻人所了解。

在青年旅舍创办之初，我就在一些大学生中传导这个概念，当时我的感觉是，武汉还缺乏"创意市集"的土壤。这一次我一连两天参观了《武汉晚报》组织的这场"创意市集"，大大出乎我的预料。参加"创意市集"的年轻人的作品虽然还有很大的提升空间，但现场的组织非常出色，气氛热烈，叫人难忘。那真正是一个青春的剧场，是一个活的文化空间。

### 通向未来，从"信息港""创意港"出发

创意作为一种文化能力应该得到社会大力鼓励和倾情建设。2008年1月6日，我在接受《武汉晚报》记者采访时

谈到了我对创意产业的看法,我的观点是:21世纪的大都市,通向充满竞争的未来世界的出发点必须有两个港口,一个是"信息港",另外一个是"创意港"。城市应该拿出具体的办法来建设"创意港",让年轻人的理想和创造力有一个施展的舞台。

创意不是某种单一的商业谋略,而应该是一种人生观,一种生活方式,从这个意义上来说,最有价值的创意应该是对人生的创意。下面是2008年1月11日,《武汉晚报》发表的对我的专访,题为《最牛创意是创意人生》。

早在2006年,探路者国际青年旅舍创办之初,张先冰就感受到了创意市集的气息和价值,还在自己的旅舍办了一场小型的市集,作品来自附近湖北美院的学生。3周前,武汉的创意市集终于开市,张先冰全身心投入进来,"感觉出乎意料的好","我最早对这个市集的期待,是通过它来发展创意产业,体验了你们办的活动后,我有了新的想法:它就是一个活的、流动的、包容的空间,年轻人展示青春的生活剧场!产业化的问题倒不是首位的"。

在创意这个领域,张先冰被朋友们称为创意思想家。探路者青年旅舍在他"大创意"理念的指导下,已不单纯是一个旅行居住的空间,摄影展、画展、诗歌朗诵会、迷你音乐会的频繁举办,"探路者"俨然成为文化发酵的基地,旅舍的创意形态被各大媒体争相报道。不同肤色的年轻人,把这儿当自己的家。

**玩周刊：**谈谈您的创意灵感来源？

**张先冰：**创意产品除了功能性的价值外，有象征性的价值，就是精神价值，而我倾向于直接提活方式的。我希望通过自己的一系列努力，给更多人提供"浅物质生存，非物质享受"的健康环保的新生活方式，让人们在日常化的行为中，感受创意带来的自由和美好。我的创意一般不指向某个具有产品。

**玩周刊：**对城市的创意环境有何看法？

**张先冰：**武汉整体的文化包容性还有待加强，每个人每个时刻都会感到价值观单一化带来的压力，在这样的环境下，有耐心、专注坚守创意理想并不容易。

**玩周刊：**您对创意市集的理解？

**张先冰：**年轻人太需要这样的方式去相互激励和分享，激发创造性的思维，这里面还有某种戏剧性。生活的压力迫使很多年轻人过早地放弃了梦想，创意市集就应该是年轻人创意的剧场，不设门槛，没有限制，不功利，用最大的宽容、最强有力的支持让年轻人展示他的创造性。

**玩周刊：**对创意阶层您怎么看？

**张先冰：**创意阶层就是按照自己的个性、理想、喜好践行自己的理想，享受生活的人群。城市的包容性越强，便更具发展潜力，创意势力就会更壮大。可以先从一点一滴开始，从小手艺的创意起步，转化到对自我生活的设计，然后展开对美好社会的畅想。

# 热烈美妙的"潮人见面会"

"悦行"昙华林 "酷眠"星空房。晨报新生活周刊首次"潮人见面会"拜访的潮人是张先冰，见面的地点是张先冰创办的湖北省第一家国际青年旅舍——位于武昌昙华林附近的武汉探路者国际青年旅舍。

3月的最后一天，乍暖还寒的下午居然出现了难得的太阳，这个下午对于参加"晨报潮人见面会"的读者和来宾来说，注定是个充满美妙和收获的时间。

虽然提前一周准备，但见面会现场还是有许多出乎我们意外的地方：

意外一：现场人数大大超出名额

见面会没有定在周末，却没想到报名的读者朋友那么热情，从上一次"潮人征集令"见报后，手机每天都响到烫手。在众多报名读者中，精心挑选不同年龄不同背景的读者15位，参加在青年旅舍的见面活动，然而读者实在太热情，他们带着朋友和同学……现场人数一下子超过限定名额，达到了30位。

意外二：50岁的阿姨从古田来

虽然50岁的陈阿姨是最后一个到达的，但是她的精神让人感动。从古田赶到螃蟹甲，她开着车执着询问，一路探寻到此——充满人文和乐趣的氛围让她大呼"再远也值得"。

意外三：八小时见面会意犹未尽

非物质视野：
## 价值共同体的非物质诱惑

个体社会网络和归属感的建立，大多以利益为纽带。但趣味、生活方式或价值观，也能将不同社会阶层、不同社会角色的人联系起来。这种以生活方式和价值观为基础的社群，不像利益社群那么容易解体。

价值观社群成员的收益，是心灵的慰藉和由价值观引导、驱动的共同体愿景。价值观社群成员间，更易达成交往的共鸣，更易展开共同行动。

本来预计从下午2点到5点的见面会，由于读者太热情，意犹未尽，和张先冰从下午聊到了深夜，足足有8小时的热切交流。如果不是没有公车回家，估计有些人还会聊到转钟！

### 老街悦行

跟着张先冰，一群本来还在热烈讨论的读者，在散步中突然变得感性和安静。昙华林，南倚花园山，北靠螃蟹甲；青瓦小院，依山而建；民居错落，互为参差；梧桐小院，麻石幽径，让人一洗浮躁都市的浮躁情。

来自十堰的大一学生黄羽佳感叹，这里的美妙让她对武汉有了不同的印象，"我学的就是导游专业，我会带我的朋友再来逛逛。"爱好摄影的何湛拿起相机，生怕错过了每个角落。46岁的林女士留恋中医学院里的老宿舍，听说林徽因曾住这里，勾起她无限向往……

这就像是张先冰提出的"悦行"，如果不是我们放慢脚步，关注城市，怎能发现在摩天大楼的缝隙里，有一处散发纯正历史幽香的地方。

### 食堂怀旧

又是逛昙华林，又是开怀聊天，一下午的时间交流过后，大家才发现自己的肚子已经咕咕叫了。正好走到了中医学院的食堂门口，大家的眼神齐刷刷地望向食堂——那就是飘香的地方啊。记者提议，不如我们去食堂吃一顿大学的饭？居然不用投票表决，大家呼啦啦地就涌进去了。

四楼的小炒包厢，我们的读者挤挤挨挨坐了两桌，香喷喷的饭菜端上来，邻桌就是90后的学生，窗外是婆婆的老树和旧房子，真有些时空交错的感觉。在这古朴校园里享受简餐，成了大家特开心的一件事，交换名片、开怀大笑、谈古论今……

### 酷眠圣地

提及最可爱的睡觉的地方，张先冰自然要带大家去参观一下艺术色彩浓烈的青年旅舍。这里像融合各种文化的家，读者沐沐妈参观了星空房，开心地说，要带儿子沐沐来感受一把睡在星空下的感觉。华中大的研究生小周更是对这里钟爱有加，"哪里可以办贵宾卡？我要连续住一周！"来自大专学校的江老师突发奇想，"下次开班会，带着学生来这里，或许有不同的体验！"不同年龄和职业的读者马上就成了朋友。

**绿色承诺**

吃过晚饭，有的读者对和张先冰的提问交流仍感到不尽兴，再次返回旅舍，热烈探讨。

何湛成了环保出行的读者代表，"我今天就是骑自行车来这里的，虽然我有私家车，但骑车是我对于过去的一种美好回忆"。做商贸的曹万利说起自己的名字，"唯有知识是一本万利的财富"。对于这个观点，张先冰极其肯定，也说了很多建设性的想法。

记者提议，大家在内心默默地对环保行为做一个承诺，让我们建设性的行为坚持下去，并且影响周围的人。约定一个时间，我们再聚，看看生活有没有因此而更美好！

# 生活方式改变世界

**7** 跨界传播
价值观营销的传播之道

## 非物质视野：
### 非物质价值在变革之道

对现实的不满意、不满足，是一种共同情绪。但对待这些问题的态度，人与人之间，却表现得尤为不同。有的人整天抱怨，有的人埋头苦学；而有的人，在发现机会，努力行动。

社会的变革最终要获得成功，归根到底还是人的变革，还是以每个个体自身的改变为基础的。

变革者，首先要变革的是变革自身及自身生活的环境。

2008年1月19日上午，我在湖北省图书馆《名家讲坛》做题为《国际青年旅舍及其倡导的新生活方式》的演讲，我演讲的主题思想是：在全球化时代，普通公民改变世界的力量和方式发生了变化，与传统的政治和现在日益兴盛的商业力量相比，我们所能选择和更具实践意义的方式就是"生活方式"，人们可以通过对自身生活方式的改变从而带动社会的变革。2008年2月1日《武汉晚报 玩周刊》推出了2007年年度总结，我被推举为文化创意圈的代表人物。我入选的理由是以青年旅舍为根据地推广非物质价值，优化了我们城市的生活。

青年旅舍这个空间，并非单纯提供居住功能，张先冰的目标是"让来自世界各地的年轻人，在一个充满自由和创意的空间里自由交流、快乐交往"，旅舍不定期举办"全球文化之夜"等活动，参与者既有投宿青旅的客人，也有来自本地的文化艺术热爱者，大家或通过涂鸦，或通过表演，竞相展示各自国家、城市或故乡的文化艺术，文化多样性的理念在愉快的游戏过程中深深地植入人们的脑海。

　　除此之外，张先冰还发起了世界青年徒步昙华林、五月初五长江边放河灯纪念屈原、手工俱乐部周末大聚会、国际动物电影周、世界无烟日民间艺人演唱会等活动。"希望让更多的年轻人了解并接受一种新的生活态度，即：浅物质生存，非物质享受。"张先冰说，通过一年几十场活动的实践，他如今越发深信"个人可以通过生活方式的改变而改变我们周围的世界"。

## 一、请介绍一下你的团队

　　作为湖北省第一家国际青年旅舍的创办人，我的团队是由来自世界各地的旅行者以及我们这个城市许多热爱自然、热爱生活、热爱社会的年轻人临时组成的。他们来的来，去的去，把武汉这座有3500多年历史的文化名城在全球化时代的新气质、新气息带向世界各地。

## 二、谈谈你对"玩"的理解

　　玩有"大玩"和"小玩"。我们这个时代是一个充满竞争的时代。相对日益加快的社会节奏和越来越单一的物质化的价值观，有些形式的"玩"可以成为一种积极的人生态度和健康的生活方式。"玩"可以把我们带回自然的怀抱，让生命的活力自由流露；"玩"能够开阔视野、获得友谊，学会爱，从而变得更加宽容和勇敢。

　　从这个角度讲，"玩"作为一种生活方式展开的过程，不仅仅体验一种非物质的享受，更重要的是对非物质价值的一种确认，因此健康的"玩"会成为一种社会建设性力量，这就是我所致力于推广的理念：生活方式改变世界，健康的生活方式将会使我们的社会变得更加美好。

**三、你主要的工作方向是什么？做了哪些好玩的事？参加(或组织)了哪些活动，有什么收获？**

我致力于把武汉探路者国际青年旅舍打造为我们这个城市的新客厅和首席健康新生活空间，让来自世界各地的年轻人在一个充满自由和创意的空间里相互交流。

旅舍不定期举办的"全球文化之夜"活动，除了吸引到旅舍投宿的客人外，还组织了部分大学生和社会各界人士参加，这是一个"非物质文化之夜"，来自世界不同地方的年轻人或通过涂鸦，或通过表演竞相展示各自国家的文化艺术，加深了相互的了解，文化多样性的理念在愉快的游戏过程中深深地植入大家的脑海。由于这个"全球文化之夜"的广泛影响，八艺节期间，来自美国的百老汇著名音乐剧《42街》剧组成员与武汉青年的见面会就是在青年旅舍举行的，将我所提倡的"文化无国界"的理念的推广活动推向了高潮。

世界青年徒步昙华林、五月初五长江边放河灯纪念屈原、手工俱乐部周末大聚会、国际动物电影周、世界无烟日民间艺人演唱会等等活动的创意举行，让更多的年轻人了解并接受了一种我积极倡导的新的生活态度，即：浅物质生存，非物质享受。通过这些实践，我深信不疑的是"个人可以通过生活方式的改变而改变世界"。

**四、比较期待的生活状态是怎样的？**

我一直都不太欣赏那些纯粹基于个人嗜好和小圈子趣味的所谓

"玩"。我向往的是一种"大玩"。生命浪漫主义和社会理想主义永远对我有强烈的感召力。我梦想着这样的生活：基于爱和自由的生活实践，同时支持社会的可持续发展。建设社会的过程也是一个享受生活的过程。

### 五、你认为还应该出现什么城市文化？

武汉应该孕育一种重视非物质价值的更加大气的文化。

武汉现在是一个特区，而且是一个探索与社会可持续发展相关的实验区。在这个新的历史起点上我们的城市应该倡导并着力培育这样的价值观：即不要用"世俗功利"的标准来评判一切事情，不要用急功近利的短浅眼光来处理一切问题。这两种态度如果得不到改变，"大武汉"永远都会显得小气。

### 六、未来一年里，你有什么计划？

我希望自己成为一个有建树的社会建筑师和新生活方式的践行者、传播者，通过大家都可参与和践行的健康的生活方式让我们社会变得更加美好。

未来，将努力倡导并推动一种被我称为"都市悦行"的城市新生活方式。"都市悦行"由三个部分构成：健康出行、绿色出行、愉阅出行。所谓健康出行、绿色出行，就是人们的日常出行行为，有利于自身的健康并在节能减排时代支持城市及生活空间的环保事业。

所谓"愉阅出行"，指的是我们在日常出行过程中要带着欣赏和学习的眼光及心态来观察和了解我们所路经的城市景象，以及号召人们将步行和单车作为一种休闲工具，抽出更多的时间和朋友、家人一道去领略我们所生活的城市的风光与文明。

计划在青年旅舍组织一个由志愿者组成的"都市悦行"促进会，推出一些"都市悦行"的日常行动指南：比如30分钟步行能抵达的地方坚持步行；45分钟自行车能够到达的地方使用自行车；有私家车的家庭1小时公交车可以到达的地方应该尽可能地乘座公交车等等！

成立一个"都市悦行"俱乐部，以青年旅舍为出发地，定期开展"愉阅出行"活动，走进我们的城市深处，发现我们的城市魅力！希望更多的朋友践行并享受更多的新生活方式。

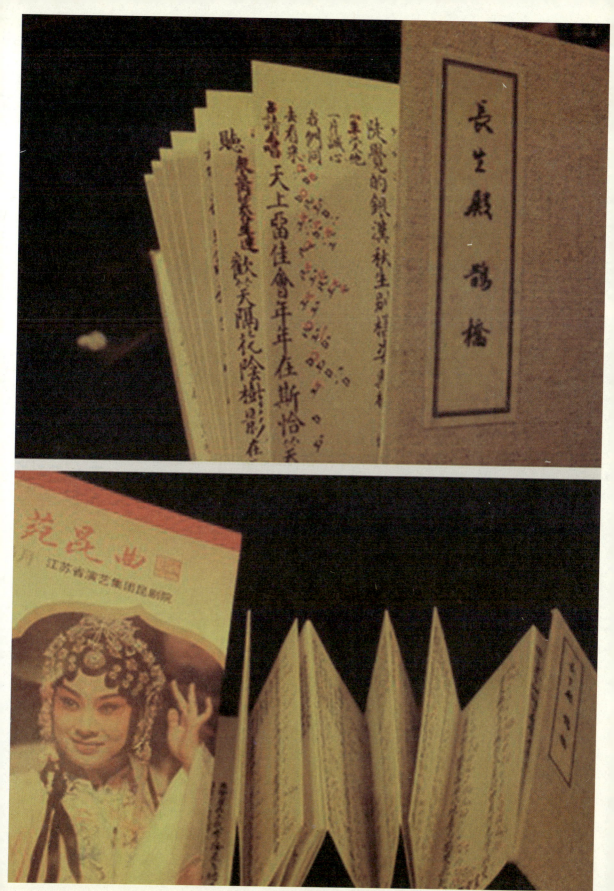

# 第四章　建筑社会

第四章　建筑社会

我们所处的时代是一个积极而充满活力的时代。全球化的正面力量惠及世界的每一个角落：贫困人口逐步减少；发展中国家的普通民众接受教育的机会显著增多；互联网的普及让公众获取信息和了解事实真相以及表达自己观点的方式变得丰富而快捷；世界的开放使不同文明形态相互融合，让人类构建一个和谐宽容世界的梦想成为可能！

中国是全球化的受益者之一，30年来，有5000年文明史的中华民族在这种受益过程中累积了重要的社会共识："开放"！"开放"是今天中国社会发展和完善的重要推动力量，我们相信只要开放，无论社会发展遇到什么问题和困难都有希望解决，这也是我们对国家和社会的未来充满信心和期待的理由。

今天，开放的中国为每一个社会成员发展自我并在自我发展的基础上建设社会搭建了众多的接口和平台。自我的发展成为社会发展的一部分；自我的完善也会促进社会的完善。由于社会的开放，除了自我的发展和完善外，包括广大的知识分子、社会艺术家、媒体精英和商业领袖在内的每个社会成员都有多种途径和方式以积极正面的作为来构建社会，成为这个社会的建设者和保卫者。

关注公共话语，研究社会问题，凝聚社会共识，建构和谐社会，是我们这个时代知识分子、媒体精英和商业领袖的注意力选择和价值取向。坚守信念、诚实遵法、崇尚道德是重要的社会资本，每个人都是社会资本的股东，都应该为让社会资本增值而投资。

我们关注社会公正和谐；关注中国传统文化在全球化时代的转换；关注公众生活的价值趋向与社会健康；关注经济、社会及文化的可持续发展。一方面，我们可以提供有创见的思想、观点、创意和形象等"社会产品"来结构这个社会，让社会获益；同时我们也可通过负责任的健康的消费行为、投资行为等市场行为和社会实践为社会及大众谋福利！累积社会资本，成为社会健康可持续发展的推动力量，反过来，社会资本也会为大家带来福利。

从封闭的象牙塔到直接抵达社会产品构筑、社会资本创建的工程现场，成为一个公共知识分子，一个社会建筑师，这是全球化时代中国知识分子和媒体精英角色的历史性转换；另一方面，商业领袖正努力实现从单纯追求商业财富到践行承担社会责任、关注社会可持续发展，实现追求个人财富、企业财富与社会资本共同成长的伟大一跳，成为一个社会企业家。

个人、企业与社会的关系是负责任的利益相关者的关系，让社会获益的个人和企业行为，社会将会给予个人和企业最大的馈赠！这个时代不应该是自私者和贪婪者的时代，也不应该是抱怨者和旁观者的时代，更不是一个为了反对而反对的时代，这个时代是一个需要有责任意识和创新精神的建设者的时代，开放学习和创意实践能让我们和时代保持血浓于水的关系，并确保我们为让社会更加健康、生活更加优化的努力有明确的方向感！

如果只是抱怨，没有建设性的态度，没有具体的、持之以恒的建设性的实践，我们抱怨的城市、社会、世界问题将无法解决。

个体参与社会建设的起点是自身，自我是社会能量的接受者也是传递者；个体社会参与的最近范围是家庭，接下来，你从属的社群、组织、城市、国家社会、全球交流系统，这些在个体影响和被影响范畴。

社会的成就是每个人的成就！

# 城市魅力与活态文化

有着尖尖屋顶的红砖房子、不大却装扮得颇有情调的院子、窗子里飘出的吉他与歌声……还未走进武汉探路者国际青年旅舍，生活的暖意就已经荡漾开来。这是武汉第一家国际青年旅舍，近三成房客是来自世界各地的"驴友"们。在过去的5年里，这里天天上演着武汉与世界的对话。

"一个没有国际青年旅舍的城市，不能算是一个国际化的城市"，探路者国际青年旅舍的创办人张先冰说。

2006年2月，张先冰的旅舍正式开始营业。过去5年里，他看到了令人欣喜的变化。

"5年前，武汉只是环球旅行者的一个中转站。现在，它成了一些外国人的旅行目的地；以前，旅舍里只有10%左右的客人是外国人，现在，有近30%的客人来自海外各地；以前，外国人呆在武汉的时间不到一天，现在平均能呆上近两天。"张先冰说。

2008年，4个来自丹麦的姑娘的故事，让张先冰对武汉的国际化及青年旅舍的经营理念有了更深的思考。

"本来，她们只打算在武汉住一晚，"张先冰介绍："一个武汉青年在旅舍举办'告别单身'聚会，4个丹麦姑

非物质视野：

## 参与社会空间优化的非物质诱惑

个体或组织的生存与发展，都是在某一现时的、特定的空间展开的。这种展开的过程，也是个体或组织与这一特定时空间的相互吐纳。因此，个体或组织的命运，既依赖于特定的时空，也是对特定时空构成的一种参与。

对城市、社会而言，携带价值诉求和生活愿景的个人或组织，都是一种空间单位，是一种活态的空间元素，其价值化、生活化存在，构成或塑造了集体风貌。

娘应邀即兴参加。现场武汉青年提议，请她们参加自己的婚礼，丹麦姑娘们当即退掉了火车票，第二天兴奋不已地参加了这位武汉青年的婚礼，后来干脆在武汉玩了10天。"

交流、经历、故事，正在成为武汉向世界展示自己的最好方式。记者接触到的不少外国旅客表示，离开武汉后记忆最深刻的不是黄鹤楼，不是长江大桥，而是那些充满日常生活气息的街道、热情好客的市民，以及与市民之间发生的故事。

在张先冰看来，他创办的国际青年旅舍，不单是一个简单单一的住宿经营场所，而是一个生活方式空间，是一个流动的社区，包括他本人在内，每个人都是一种文化媒介和感情纽带。从投身青年旅舍事业的第一天起，他就没有把青年旅舍视为一个单一的商业机构，他看重而且努力经营的是青年旅舍的价值观和生活方式的社会溢出效应。"外国人去北京一定会去看京剧，去成都会去看变脸。一个开放的城市，必然是多元的，生动活泼的，是传统与现代交相辉映。"在张先冰看来，武汉要在国际上变得更有吸引力，需要培育更多"活态"的文化，推出更多国际化的文化空间。

# 年轻态城市的公园和广场

城市公园和广场，是一个城市境界和气质的公开展示，如同一个人的衣着和气色，可以看出这个城市的底蕴和情怀。作为武汉第一家国际青年旅舍的创办人，因为工作和兴趣原因，曾在各城市间游历的张先冰，对于城市公园和广场这个话题感受独特，他认为，一个城市的公共空间，应展现亲近自然、亲近市民、亲近个性的规划理念。

张先冰住在长江边，推开窗，映入眼帘的就是武昌江滩公园，他认为江滩公园人为规划的痕迹太强，几乎每一块可利用的滩地，都被人为地铺上了砖石或种植上了花草，给大地自身几乎没留下一片可自由发挥的空间，人们常见的野花野草，也都被人工栽培品种所取代，过于园林化，使得人和自然产生了隔阂。人们看到了一种人工美，但却失去了自然气息的滋养。张先冰认为，应警惕过度园艺和景观意识主导公园的风貌，土地尊重、历史尊重、日常尊重、生命尊重应该成为城市公园规划的基本伦理，自然而然应该是公园的最佳风貌。

因家住江滩边，除冬天外，一年中的其他三个季节，几乎每天晚上从窗外传来的多是《洪湖水浪打浪》《北京的金山上》《映山红》《咱们新疆好地方》这类有着鲜明

非物质视野：

## 年轻态社会的非物质价值

无论个人还是社会，年轻态都是指一种精神风貌。自由开放、充满活力、富于创造性，是年轻态的基本特征。对社会而言，这也意味着对封闭、保守价值观的淘汰。

社会年龄既代表社会的创造力和竞争力，也决定了社会的气质。年轻态社会气质，会感染社会的全体成员，继而也塑造社会体质。

漫长的传统，不是社会年龄的唯一决定因素。年轻态天然存在于个体生命里，也会弥漫在社会空间，对年轻态的信仰，会让为传统所约束的社会，焕发新的生命体征。

过往时代特色的歌曲，光听歌词他就知道，流连在江滩广场上的民间歌唱家以中老年人居多。不仅是江滩，武汉大大小小的广场，中老年人的身影也是最为活跃，踢毽子、玩空竹、练太极、亮嗓子……成为城市一景。

　　从某种角度看，这彰显了城市广场的市民休憩功效，具备了亲民性。但是，一个个城市广场如果仅仅只是中老年人回忆过去的舞台，感受不到这个城市文化与时代并驾齐驱的氛围，不免显出这个城市不够新锐时尚，缺乏创意氛围。张先冰认为，城市广场，是一个城市最具凝聚力、辐射力与感召力的公共空间，她也应该吸引年轻人参与，受到年轻人的青睐，成为年轻人展示自己趣味、价值观及生活方式的舞台。

　　当代年轻人具有广泛的全球化背景，代表着一个城市甚至国家未来的发展，充满创造力与想象力。城市公共空间的规划应该给年轻人热衷的前卫文化、另类文化提供合适的环境。

　　在彰显城市文明的广场上，有了年轻人展示多元生活方式与个性表达的身影，显示了这个城市的包容和敏感，城市会滋生强劲丰沛的创造力。如此，这个城市才是一个年轻态城市。

# 如有《非物质公共资产名录》

下面是我2006年撰写的两篇博文，都涉及"非物质公共资产"这一概念及"非物质公共资产"的保护这一主题，并建议推出：国家和城市的非物质公共资产名录。国家或城市非物质公共资产名录与人类口头非物质文化遗产的区别，主要在于其公共性。

## （一）不见长江天际流

> 故人西辞黄鹤楼，烟花三月下扬州。
> 孤帆远影碧空尽，唯见长江天际流。

让黄鹤楼乃至武汉闻名天下的除崔颢的《黄鹤楼》外，就数李白的这首《黄鹤楼送孟浩然之广陵》了。该诗的后两句："孤帆远影碧空尽，唯见长江天际流"更成了千百年来，人们对武汉的最浪漫评价，唤起了无数文人墨客及行者对武汉的向往。

登上黄鹤楼，看滚滚长江奔向茫茫天际，无数的中外游客胸中豪情澎湃，心生对荆楚大地的景仰！因此"孤帆远影碧空尽，唯见长江天际流"已经成了武汉乃至整个荆楚大地的重要非物质财富，是世世代代荆楚儿女引以为豪

非物质视野：

### 非物质公共资产的非物质价值

非物质公共资产，集成有三个价值范畴：非物质、公共、资产，或者指向一种特定的价值：非物质公共资产。

非物质公共资产，有传统留存，也有现时创建，它是社会价值观的一种具体化载体，发现、保护和传承非物质公共资产，是一种投资，投资的过程又是一种产出的过程，而非物质公共资产的再生、转化，又带来新的储蓄。

这就是非物质价值流转的效能。

的重要公共资产。

开阔的视野让人们心胸宽广，这也是千古名楼黄鹤楼的主要魅力之一。也许因为自己从事的工作与旅游有关，对旅游资产的价值尤为敏感，期盼城市的开发建设能够顾及这些属于子孙万代的非物质公共资产的保护，莫让"不见长江天际流"出现在登临黄鹤楼的游客眼底。

这些非物质公共资产在历史中的命运，反映了历史参与者的眼界，当然也塑造着历史参与者自身的命运。（2006-11-19）

### （二）但见香烟缭"中华"

2008年两会期间，委员安家瑶建议：香烟名应停用"中华"、"中南海"。早在2006年，我就发表博文，以《香烟不应用"中华"二字作品牌》为题，从保护"国家和城市的非物质公共资产"的角度提出过该建议。并建议推出：国家和城市的非物质公共资产名录。国家和城市的非物质公共资产名录与人类口头非物质文化遗产的区别，主要在于其公共性。

吸烟有害健康，这已是全社会的共识，除了明确要求生产商在包装上显著标明"吸烟有害健康"之外，世界各国都对烟草商的经营行为特别是广告宣传做出了许多限制。香烟这种对人类身体明显有害的商品之所以依然允许其生产和流通，除了人类长期形成的习惯外，主要的还是出于经济方面的考虑。在许多地区，烟草行业的税收占当地财政收入的比重不可忽视！然而，无论烟草行业在经济上多么重要，它总不能比让我们的孩子们远离香烟的侵害的社会责任更重要吧！

"中华"二字不是两个普通汉字，它所展现的形象和蕴含的意义是中华民族的公共资产，这样的资产符号，应该全方位地给她添加魅力和光彩，丰富她的感召力！而香烟这类商品，无论怎么挖空心思想，也想不出它能给"中华"二字增添什么正面的价值！相反，由于香烟产品的公共形象负面、残缺，将它们与"中华"这种符号联系起来，会有损"中华"一词所代表的形象！

现在如果我们禁止用"中华"二字做香烟品牌，一方面可终止对"中华"这一公共资产的价值透支，同时还显示社会是一个有自己的价值观并坚守价值观的社会，反过来为"中华"这一公共资产增添正面价值！

因此，我强烈建议立即终止用"中华"二字做香烟商标的行为，并对所有受到类似形象侵蚀的非物质公共资产进行清理！（2006-10-27）

# 地方文化的公共价值

非物质视野:

## 仪式经验的非物质价值

大多数的仪式经验都有体验性、公共性、重复性等特征,因此,凡是仪式感强的文化,其传承力都比较强。

除神秘性外,大部分文化的传承,也离不开上面三点:体验性、公共性、重复性。在全球化时代,地方文化如果任其自生自灭,其后果是可以想象的:即文化景观的一元化。要想避免这种后果,主动的文化应对是不可或缺的。

资本,一方面带来一元化;同样,如果资本为有文化多样性信念的力量所支配,其在缔造多元文化景观中的作用,也不可小觑。而创造公众的仪式或类仪式经验,是绕不过去的策略选择。

花肚皮的八戒憨态可掬,头戴花翎的牛魔王威风凛凛;黑衣皂靴的武松帅气逼人,吊睛白额的大虎不可一世。昨晚7点半,汉街大戏台上锣鼓声响成一片,伴随着铿锵的乐声,悠扬的唱腔,"云梦皮影王"秦礼刚绘声绘色的表演为现场的观众带来了一场浓浓楚腔楚韵的"皮影戏"。

据介绍,秦礼刚从事皮影表演已有32年,期间获奖无数。去年,他受法国布列塔尼孔子学院邀请,将皮影戏带出国门,在法国巡回演出12场。这次秦礼刚将在汉街进行为期5天的表演,除了传统的《鹤与龟》、《武松打虎》、《猪八戒背媳妇》等经典剧目,秦礼刚还自创《屈原》、《王昭君》、《李时珍》等五部与湖北地区名人有关的曲目。7日晚,作为国内年龄最小的皮影表演者,秦礼刚10岁的孙子秦朗也将登台献艺,表演拿手好戏《孙悟空大战牛魔王》。

秦礼刚的皮影表演是"身边文化"系列活动的开场演出,该系列活动旨在发起和保护我们身边的文化和文化人,弘扬传统文化艺术,保护我国的非物质文化遗产。湖北省作协副主席董宏猷、湖北省非物质文化遗产保护中心副主任吴志坚、湖北首家国际青年旅舍创始人张先冰等都将作为特邀嘉宾出席开幕式记者会并主持该系列活动。

　　以上是2012年1月5日《长江商报》记者刘丹报道。在回答记者对于皮影艺术的未来怎么看这个问题时，我的看法是：对于皮影的未来我没那么悲观。虽然全球化是一个不可逆转也不可阻挡的历史趋势，但同样，与全球化相伴生的地方化运动，也将方兴未艾，而地方文化的生成和发展支撑，就是要把一个地方独特的文化元素整合起来。要做到这一点，首先要创造这种地方文化的公共经验，只有让自己的文化形成一种更广泛、更普及的日常生活经验，才能赢得更多人的认同，才可能继承并传扬出去。

　　文化要真的形成一种产业需要相当规模的社会消费者为基础。地方文化更是如此。像昆曲在苏州，一个300人座位的剧场，几乎可以场场爆满。小剧场艺术要有市场，关键有个培养的过程。要让传统文化传承起来，城市的公共空间可以多一些活动，学校教育也要跟上，为什么我们不能专门开设一门传统文化课呢？有了来自于教育系统的知识经验以及来自公共空间的生活经验，文化便会扎根在人们的记忆深处，生命深处，其活力才会经久不衰。

　　地方文化的活力，还有赖于与外部世界的交流，在和外部文化的交互过程中，可以摆脱单向度地"被参观和展示"的命运，参与共同价值观和潮流生活方式的塑造。这方面，商业可以发挥重要的作用，同时作为文化符号载体的个人，也可在日常生活和国际文化交流中起到大使或媒介的作用。

# 给东湖八个丁字路口命名

非物质视野:

## 公共命名的非物质价值

公共名称,不单是一种地图术语,同时也构成置身其间的公民的价值环境。也就是说,公共名称是一种价值观在公共空间的立足和宣誓,也是一种权利在公共空间的分布和占据,生活其中的公民,无时无刻不在和其进行价值对话及利益信息交互。

有时候,公共名称又好比我们所居住房间的窗户,从不同的窗户可看到不同的风景,同样,不同窗户也带来不同的气息。所以,公共名称的命名与确立,不是一件可以事不关己高高挂起的小事。

以张先冰、张三夕、阮争翔三位为代表的武汉知识界精英,组成了"社会建筑师"群,力图以自己的行动,温和重建社会价值体系。

> 我不能从日常的情怀
> 一跃而到永恒的怀抱
> 我不是一个时间的舵手
> 老樟树 我和你一样
> 是岁月的守望者

这是张先冰创作的诗歌《老樟树》中的诗句,老樟树就是东湖风光村风光桥头那个丁字路口,用圆形水泥墙围起来的那一棵树,它已经近50岁了,一直在东湖边守望着。这个路口北,被以张先冰为代表的"社会建筑师群"命名为"老樟树口"。而这仅仅是他们对沿东湖八个丁字路口命名的其中一个。

东湖的八个丁字路口,大多数没有被命名。命名看起来是一件简单的事,并且仿佛不关自己什么事,修了一条路,安个路牌叫什么就是什么,而恰恰是如此粗糙、蛮横

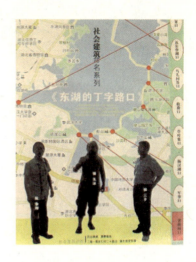

的逻辑，成为公共环境容易被破坏、公共资源容易被垄断和掠夺背后的思想支撑。一个路口叫什么名字，这背后应该存有对历史的尊重，对自然、土地的尊重，对每个人的个体记忆的尊重，而本质上是人类对环境的敬畏。

7月12日，大雨倾盆，张先冰和其他社会建筑师们在东湖沿湖一带寻找命名的载体：石块。湖北省档案馆前的湖底隧道施工现场一片泥泞，蓝色的围栏和野草之间，散落着一些废墟，在废墟里，他们扒拉出一块相对完整的砖。还有渔民用石头、旧房子、生活区附近被丢弃的装修材料，捡砖的范围涉及湖边的各种社会生存空间：既有工程项目工地、拆迁地也有道路、房子和公共场所。这样的选择也是为凸显命名过程对个体记忆的尊重。这些砖被捡回去之后，码放在青年旅舍的墙头，而之后整整接受了十天大雨的洗礼。

天晴了，张先冰请来各界人士参与命名石的书写：有来自国外的旅行者，有从事野生动植物保护区工作的领导，有小学生，有从事武侠小说写作的90后，他们用毛笔蘸取墨汁，或用排笔和着颜色，一笔一画，写下了对东湖这些路口最深情的命名。

从洪山路一直往下走，省档案馆的旁边，是第一个丁字路口。一边是双湖桥，另一边通往武大凌波门方向。这个路口，社会建筑师门将它命名为"档案口"。档案馆里有无数的档案，中国社会特有的"人事档案"是对个人生命史的意识形态书写，而每个武汉市民都在记忆中有一本"东湖档案"，"档案口"正是提醒人们尊重生活和记忆的细节。

继续沿湖走，到了风光村，看到这棵历尽50年风雨的老樟树，难免感怀。紧邻武大校区，又站在东湖边上，每个进东湖的人都见过它，也认识它，它曾经见证过多少年轻人的青春岁月，理想和激情。这棵孤零零的老樟树，是东湖的守望者，是岁月的守望者。它考验我们究竟拥有怎样的环境意识和环境文明，因此这个路口以它命名。

过了风光桥再走500米，这里有一条路直通一个有部队驻扎的军事区，将此路口命名为"军事口"。

八一游泳场，这是一个收费区域，在这里，不付费的话只能隔着栅栏远远看着湖。这个丁字路口被命名为"杨汊路口"，以表达对那些无法接近的湖水或已消失的湖泊的向往和纪念（杨汊湖是武汉已消失剩下的众多湖泊中的一个）。

东湖梅园，有一个通往武汉植物园的丁字路口，夏天的时候，这里常常有一些附近居民拖着一小三轮车的莲蓬来叫卖。因此，这个路口有一个超级可爱的名字：莲蓬口。同时，因为它通往植物园，因此它有一个更文雅的名字：草叶集口。草叶集，植物园。植物园的设立初衷大概是研究和保护植物，或环境。但是其实真正的环境应该是在我们生活中，我们自己身边的一花一草一叶一木，观赏或保护它们，应该是每个人生活的一部分，而不仅仅是一个围起来的专业领域，这些植物，它们应当参与我们的生命。

磨山公园的门口，是各种收费项目的集中地：磨山公园、沙滩浴场、海洋公园、游船……不得不承认，东湖作为自然和历史文化遗存的公共空间也越来越多地被命名为"收费口"。

通过落雁岛的丁字路口，前行两公里就是一个比较大的商业酒店。落雁岛，这个曾以飞鸟聚集的坟，如今是武汉东湖景区最集中的婚纱摄影取景地。无数新人们到这里来，用在大同小异的山水中的无数镜头为自己的幸福生活注解。当我们享受环境权的时候，我们每个人是否还记得我们有保护环境的天职呢？这个路口被命名为"鸟儿问答口"，我们每个人是否经得起鸟儿对我们的设问：我们为这些动物，留下了多少生存空间？

继续往前，到九女墩脚下有一丁字路口，这里湖面开阔，草木丛生，环境十分优美。中国著名作家、翻译家徐迟在这附近的梨园医院度过了人生的最后时光。也许他曾经在这里漫步遐想。他翻译的美国作家梭罗的名著《瓦尔登湖》影响了无数中国人的生活态度，激励人们投身到热爱自然，保护自然的时代洪流中。因此，将这个丁字路口命名为"瓦尔登湖口"，借此表达我们对东湖美好的未来的期许。

八个路口的命名，只是这些"社会建筑师"们的抛砖引玉，他们拿着小铁铲，跪在法国梧桐树的树荫下，蹲在东湖边的草丛里，将命名的砖块浅浅地、轻轻地，然而郑重地埋植进去，埋植下的，是对环境、时代和个人命运的思索。种下的，是对尊重土地、尊重历史、尊重个体记忆的思想重建的希望。

　　提倡新的命名伦理，倡导命名权的社会回归，社会建筑师们呼吁广大市民也参与到包括东湖在内的自己生活空间的命名活动中来。

**对话张先冰**

**第一生活**：除命名外，还有哪些与东湖有关的艺术活动？

**张先冰**：事实上，在将八块写有东湖各丁字路口名称的砖石植基于各丁字路口后，我们三个主要发起人和十多位社会各界人士一起，在靠近"瓦尔登湖口"的一亲水平台，举行了为时一小时的"社会朗诵"活动，参加朗诵的还有来自德国和法国的两位艺术家。朗诵期间，也有市民和游客走近，聆听了第一届湖畔社会朗诵会。朗诵会的全部内容，均与上述八个丁字路口有关，有原创诗歌、调查报告、旧闻、广告；有儿歌、散文；有收费单、行政通知，还有一即兴参与，内容和形式都充满强烈的交响感。我们的计划是每年7月的倒数第二个周六，举办一场湖畔社会朗诵活动，有必要的话，还将在其他的社会公共空间，举办类似社会朗诵活动。接下来，我们还将通过网络来唤醒公众参与公共空间的命名活动。通过命名，保护我们的个人记忆和个人发展空间，促进社会迈向多元和谐，相关的纪录片和公共传播，也都在筹备中，会形成一个系列活动。

**第一生活**：你在武汉生活了多少年？对武汉环境的改变有什么体会？

**张先冰**：1989年到现在，20年了。感觉武汉的环境改变非常大，一是空气质量每况愈下。从我去年写微博开始，每天都会拍长江气象，根据我的统计，灰霾天远远多于蓝天，将近一年的时间了，真正的蓝天可能只有一个月多一点。再一点，就是城市的噪音污染也越来越严重。汽车的噪音尤其难以忍受。如果你在主干道旁边的写字楼上班，相信你会有切身的体会。简直没有办法开窗，一开窗，整个耳朵迅速被汽车的呜呜声塞满。另外，如果住在市区，可以说已经没有真正的黑夜了。灯光污染也很明显。在自然环境这一块，我还注意到一个变化，就是人的园林之手已经伸向了这个城市的每一个角落，砍树然后栽树、填湖建房、铲坡造园。环境是焕然一新，但环境文明却值得商榷。

**第一生活**：你自己在日常生活中如何践行环保？

**张先冰**：除了倾注生命热情，接近自然外，主要是在一些日常细节方面，实践一个生态公民的理念，比如多坐公共交通，能骑车就骑车，我们还准备了自己的"终身筷"，在我经营的青年旅舍，也不提供一次性用品。我并非极端的环保主义者，我一直认同，个人的微小改变整体。

**附录：**

第一届湖畔社会朗诵会文献

## 目录（2010年7月24日）

# 有没有一个好社会胜过有没有钱

2011年10月，《大武汉》杂志创办5周年，推出了一期纪念专号《向50位武汉人提问》，下面是我的书面回答。

**1. 生活在武汉，最大的"舒心事"和"烦心事"各是什么？**

　舒心事：打开窗户可以远眺长江

　烦心事：关上窗户仍挡不住汽车噪声

**2. 给你一天时间，让你去武汉一直想去却一直没时间没机会去的地方，会是哪儿？**

　　夏夜的天兴洲。

**3.你认为在武汉月入多少，才算是有钱人？**

　　这个问题，真不好回答，"有钱人"是一个令人厌烦的词汇，但"财务自由"对生活在这个时代的中国人来说确实很重要。因为财务自由的基本目标是掩

非物质视野：

## 富裕社会的非物质诱惑

　　在我看来，自由、开放的社会，就是富裕社会。

　　一方面，自由、开放，让社会更具有创造力。充满创造力的社会，一定也具备竞争力，其社会财富的积累自然不会太匮乏；另一方面，自由、开放，会带来另外一层意义上的社会富裕：价值观多元。而在一个价值观多元的社会，每个个体生命的生存方式和自我愿景，也更贴己，其内心的安宁和自足，更是一笔难得的财富。

　　归根结底，富裕社会的价值流转，一端是社会结构，一端是个体心灵。

盖或摆脱这个社会显在的丑恶。有害食品、环境污染、教育弊端殃及每个人、每个家庭，摆脱这些，谁说得清楚需要多少钱？我觉得在这个时代，按月计算收入的人，不管月入多少都不算有钱人。就我个人而言，有没有一个好社会胜过有没有钱。好的社会，人们多不会问这样的问题。也就是说，在当下情况下，财务自由还意味着成为自己想成为的那种勇敢而不怯弱、正直而不阴暗、坦荡而不分裂的人。

**4. 最常去的餐馆是哪一家？最常点里面的哪一道菜？**

我去外边餐馆较少，但经常在青年旅舍请朋友吃饭，茄子丝炒青椒丝是我常点的。

**5. 你最喜欢的武汉话是哪一句？**

我觉得"信了你的邪"这句话很解气。

**6. 你最想了解的武汉人是谁？**

那些从天而降的各级领导人。他们来管理这个与我们息息相关的城市，我们却对他们的个性、能力、品格知之甚少，有的几乎一无所知。

**7. 假设可以重新选择，你最希望在武汉的哪片区域，哪条路上居住？为什么？**

我会从孩子教育出发，选择片区。如果武汉的郊区有包括按教育规律办学的学校在内的完善的公共配套设施，我将选择居住在郊区。

**8. 如果在武汉开店，你最想开个什么样的店子？**

我想办一个校外教育机构。

**9. 武汉现在最缺什么？**

市民对城市公共决策的知情权、监督权。

**10. 如果你是武汉市的市长，最想改变的是武汉市的什么现状？**

教育公平问题。我有一套具体的改革建议，一、将每所高中每年招收新生名额的20%，用于辖区范围的统考录取（按分数由高到低网络录取）；制定并依据一套相对科学的评估体系，将另外80%的名额分配到各个学校，然后在各校范围内，按统考分数，由高到低网络录取；取消所谓公立高中的自主招生考试（初中招生以此类推）。二、义务教育阶段及公立高中，以区（县）为单位，实现优秀校长、优秀教师到各个学校轮岗。3年为一个轮岗期。改善这些轮岗教师的待遇。三、辖区内的优质教学设施对全辖区学生开放。四、开放社会资金办学，当下，可引进港澳台、新加坡、美加地区的学校到内地办学。用12年时间，基本实现教育公平。

**11. 在武汉籍女性名人中，挑一位做武汉形象代言人，你会选谁？**

（刘亦菲、徐帆、伏明霞、李娜、池莉、方芳……欢迎自列。）

只知道她们的名字，完全不了解她们的为人。一个城市的形象代言人，一定不应是那些所谓成功人士，那些闪光灯下的人物。每一个日常生活中的武汉女性，自然而然就代表了武汉，塑造了武汉。如果需要有一个引导，也许用武汉榜样会好点，这些榜样凭着天性、爱、坚韧、求知欲，在日常生活中前行、抗争，带给身边的人以空间、积极、温暖和信心。

# 方言角里不一样的全球化

**非物质视野:**
## 地方文化的非物质价值

地方性知识、地方性生活方式、地方性资源,是构成地方文化的核心内容,同时也是地方力量和魅力的源泉。

在全球化时代,地方文化确保了本地区不至于沦陷,也确保本地居民不至于成为文化漂泊者,精神流浪儿。她是地方居民的心灵故土,如同母语一样,给地方居民储存内心的温暖。

地方文化的繁荣,也会给全球化带来生机,让一个不一样的全球化成为可能。

张先冰,武汉第一家国际青年旅舍——"探路者国际青年旅舍"创办人。在全国各地旅游以及游走世界各国的背包客口中,"武汉探路者青旅"名声在外。这间毗邻湖北美术学院,改建自20世纪末美院教师宿舍和画室的青年旅舍,带有时代烙印的古朴红砖墙且遍布四处的新潮涂鸦,各种独具特色的人文活动并不是"探路者"唯一的特色,作为民间知识分子、先锋诗人的张先冰,更注重青旅在城市文化空间中的建构者身份。他始终借助"国际青年旅舍"这样一个平台,向全世界的过客阐述自己对城市文化的理解,倡导对地方文化的尊重,并期待所有在"探路者"住过的旅客,将这种人文理念和生活态度传播到新的一站。

**自然沟通,源于用心体验**

在自家青旅的院子里斟茶小坐,张先冰谈到自己在2012年里的新愿望:"2012年,我将从充实自我出发,践行更开放、更包容的世界观和生活方式。我打算学吉他和手绘这两项技艺——事实上,我已经开始上吉他课了。如果时间精力允许,我还希望自己在英语口语方面,有所

提高。"在张先冰看来，口语是人际沟通的基本媒介，而音乐和美术的表达则是更为高级的精神层面的融会。"我女儿在学习钢琴，但我个人更偏爱吉他，觉得这种可以随身携带的乐器更适合在交流中扮演随意亲近的角色。而绘画，则涉及了感官的体验和表达，使自我意识多了一种工具。"

张先冰钟爱摄影，但现在他更想通过绘画来表达自己的所思所想。"摄影，是借助器材的瞬间捕捉来表达你的想法；绘画则是通过自己的眼，更细腻地观察现象，并用更内在的方式解读。"在他看来，摄影如同第三人称的旁观，绘画则是比书写更有表现力的一种方式。我可以将内在所思所感用自然手绘日记的方式记录下来，加以提炼和扩展，更具有直观和独立的特征。这，也是促进交流的最佳方式之一。"

张先冰在新浪上开设了名为"越境者微观之道"的微博，2年多来一直坚持记载自然日记，积累了数以万计的微博条目。"我通过记载自然日记，可化解时空限制的隔膜。比如我关注小区里迁徙而来的鸟，同样的时空，第二年会完全不一样。微博记录，重新建立起了我与自然的关系。"

正是这样一份对待自然细致入微的体察，使得张先冰经营的"探路者"青旅，秉承着一种独特的与世界沟通的方式。

### 青旅是一种世界观

创办"探路者"青年旅舍，是张先冰一次杭州之旅之后的决定。2005

年6月，张先冰携全家出游杭州，入住中国美院毗邻的国际青年旅舍。在这里，和不同国家旅行者的交流和多元自主的文化氛围让他深感震撼。"生活垃圾都是自己收拾带走，我觉得这种生活方式很新颖，也很环保。"

"国际青年旅舍"（*Hostelling International*）发源于德国，成立于1910年，是联合国教科文组织成员。"青年旅舍为什么能够担当这一身份？是因为这种形式，最大化地促进了不同地域人们思想的自由交流。全球范围内没有任何一种其他组织能够取代青旅这种改变世界的社会建筑。这种面对面的信息传达，胜过任何二维媒介的单向平面沟通。"张先冰说，"而且，杭州那家青年旅舍在国美（浙江美院）的大环境下，其艺术氛围又为青旅带来了不一样的人文特色。我觉得在并不缺少历史和人文的武汉，也应该有一间这样的青年旅舍。"

较青旅而言，经济型酒店提供给社会的是功能性价值，会指向同质化竞争。"那样竞争的结果就是导致降价，或者添加物质价值。"张先冰说："但作为青旅，经济、多元，再加之服务的对象是环球旅行者而非高端商务人士，给旅客们提供的更多是直接的价值体验，这其中的文化更感性。青旅作为媒介，是不同价值观融合的一种现实实践。我一直认为，一个好的商业模式是能直接提供生活方式的。"

于是，在紧邻着湖北美术学院的湖北省美术馆旁侧的一条小巷入口，国际通用的蓝色三角形国际青年旅舍的标志醒目地指引着"探路者"的方向，迎来五湖四海的旅客在此驻足。

## 方言角：不一样的全球化

在张先冰看来，"探路者"青旅不仅仅是给国际旅客们提供一个歇脚的驿站，更多的是不同生活方式和意识形态交流碰撞的载体。旅客们对世界其他地域文化的好奇心，在青年旅舍里都能得到满足。张先冰说，人与人之间的关系通过日常化生活方式能变得更具体。生活经验是直接和持久的，带来的后续影响相当深远。

　　"青旅是提供健康生活方式的一种商业模式。其商业空间发展、社会价值和文化认同感的统一是其他方式获得不了的。当然，一段时间后，仅仅靠宣扬这种生活方式是不够的。如果每个旅客都能在具体的日常的空间中体验实践一种生活态度，那么世界的改变才是具体的。我们应当怎样有意义地生活？追求利益最佳化，比最大化要更健康。所以，我一直认为，青旅生活，是一种直接分享并实践价值观的生活。"

　　在"探路者"中，有各种社会建筑式的活动——民谣演出、方言角、诗歌节、纪录片播映、鉴赏戏剧……作为拥有"涂鸦青旅"美称的"探路者"，狭长走道斑驳的墙壁上留下了世界各地往来过客的各种涂鸦和文字。张先冰说，很多是粉刷了一遍后新画的，不然新来的旅客完全没法下笔了。

青旅是"穷孩子的希尔顿"——在这里，不同的文明被接纳、成见被摒除。青年人相互交流，没有意识形态分歧，分外和谐。张先冰试图借助"探路者"青旅构建一个全球的、地方的、有机的生活态度和世界观，这三角支撑着不一样的全球化空间。"欧洲美洲的很多旅行者来到武汉，他们很多人在城市的表像中无法感受一个不同的国度和地方化经验。"张先冰感叹因为城市建筑和发展模式趋于统一模式下的"全球化"，"这个是很局限的。到处都是高楼，一模一样的品牌店和他们的家乡没有任何区别——作为旅客，他们无法适应自家的文明就这样通过商业手段铺满全世界。"

"我期望青年旅舍的全球化是不一样的全球化。"张先冰说，"首先，这种全球化要有普世的价值观。第二，必须是有机的，支持可持续发展。最后也是最重要的一点：地方的。真正的地方性文化和极具物质性的商品全球化不同。"张先冰认为，相对于英语角，推动"方言角"才是传播地方性知识、倡导尊重地方文化的最好方式之一。"在去年年底的活动中，我们专门播放方言电影，年初的一个迷你宝马年会也选在'探路者'，进行地方性文本实践。地方文化的推广，像类似于街头糖人制作、本地曲艺表演等这些即将消失的中国民间地方化因素，是应该被记录的。"

在物质生活水平高度发展的当下，传统文化的亲切感更显得异常重要，文化认同的缺失会导致焦虑。而加入地方化的不一样的全球化，则是张先冰对青旅未来的规划和目标。在地方性文化的发现和推广上，张先冰一直满怀热情。年初，在汉街举办了连续一周针对市民的免费皮影戏表演，张先冰出席担任活动嘉宾主持，进行讲解和宣传。"文化产业的培育和引导，创造本土经验的环境是非常重要的。这种不一样的文化景观的环境甚至能够影响一代人。我希望类似传统艺人的表演能够变得常态化，成为公共经验。"

张先冰称，皮影戏的表演吸引了不少年轻人，提及当初的热烈氛围依旧非常感动。"数百个孩子挤着看幕布后的皮影是怎么动起来的，这种氛围让我觉得文化的传播任重道远，这就是地方经验的最大化，也是我所理解的全球化。"

在新的一年中，张先冰期待"探路者"能够开放姿态推广本土真实的地方性文化。"常年的地方性演出是必需的。我希望推广民族性，但并非抵制其他文明。全球化中的地方化不是民族主义和文明冲突，而是将自己的价值观融入到全球化中，更加具备包容性和独特的全球识别身份。认同普世价值，还有很多可做可改善的地方。"

张先冰期待 "探路者"青年旅社能够充当起国际文化使者的角色。"全球、有机、地方的全球化才是我们从青旅生活中获得的世界观。"张先冰对包括"方言角"在内的青旅空间提出了新的期许，"通过旅客们的交流，将常态经验传播出去，局部经验效仿。经验影响时间，更多人会践行青旅所倡导的世界观和生活方式，新的社会建筑也会诞生"。

# 纪录：作为社会建筑
## —— 独立纪录运动的社会作为及其威胁

非物质视野：
## 艺术社会的非物质诱惑

艺术于城市是一种性格：富于个性，洋溢创造力和想象力，是一个群体获取共识感和集体归属感的欲望，这种欲望的公共化，会带给城市活力与魅力。

艺术于社会是一种品质：开放、自由、包容，充满生长性，并让社会拥抱充满激情的青春态，坦荡地拥抱未来。

艺术于个人是一种素养：一种意识方式、一种交往方式、一种行为方式。她引领人们和社会走在生活的动感地带，在这一动感地带，我们超越传统、挑战自我，实践与众不同甚至波澜壮阔的生命展开。

自我和生命的独立是一种境界，也是一种品质。自我没有独立意识，生命无法抵达独立境界。

自我的独立意识，应成为一种信念，如此，它才会源源不断地释放能量，驱散重重迷雾包括自我的迷失，支撑生命抵达自由的境界。

生命独立境界的实现，也离不开生活的具体实践，离不开真诚勇敢的日常行动。坚信真理，还要全力以赴探求真理。

纪录，是一种社会建筑行为，纪录，参与结构历史和心灵的形态。

纪录，抵达事实，揭示真相，警示未来。

纪录片，是一种发现与探求并行并重的艺术。不仅发现事实，而且发现价值；不仅探求真相，而且探求真理。

纪录片，是大众注意力的补遗、开拓与矫正。

纪录片，是一种时间的艺术。立足现实、看守过去、面向未来。它建构传统、现实与未来的连续性。过去，是传统。纪录片，不只关注传统的消失，同时，也兼顾发觉传统的力量，为未来保有并注入活力。面向未来，意味着纪录者必须有自己的立场，有自己的情怀，有自己的信念。

纪录片也是一种空间的艺术，它不光面向外部世界，更重要的还要面

对人的内心世界；不光面对物质存在，还要面对话语存在。

纪录片，是一种社会针对性很强的艺术，制度针对性、文化针对性、人性针对性。引领公众，直面制度、文化与人性的事实与真相，创造促进制度、文化及人性发展的契机和动能。在今日中国，制度变革有紧迫性，文化转型有基础性，人性的洞察与发育存有广阔的空间。

政府、资本包括市场本身，会严重干扰纪录行为的独立性。意识形态，无论来自左派还是右派，都是对独立纪录运动的考验。市场逻辑，无论源自文化工业的体系，还是借助大众趣味，都是纪录运动独立性的潜在威胁。

选题化、片段化，直接威胁到纪录运动的独立性及其力量，对作为事件和故事载体的时间或空间，应保持足够的谦卑与耐心。更近和跟进的身体状态，才是纪录者真正有力量的姿态。

纪录者自我，有时也会成为独立纪录独立性的干扰者。不过度使用目的，勇敢坦诚，尊重事实，是纪录行为的基本伦理。自我，不在纪录者探求真相禁区或盲区。纪录者自身，应该成为纪录伦理和纪录理想的践行者，而不是相反。

口口声声挖掘内幕，有时自己就是内幕的一部分。

（《明日中国——纪录片的社会影响力》研讨会上的发言）

# 草根组织领袖的志愿者情怀

非物质视野:

## 志愿生涯的非物质诱惑

成为一名志愿者,是人生不能错过的角色。志愿者受理想主义情怀指引,历经志愿生涯的历练,让生命获得更璀璨的理想主义光芒的照耀。志愿行为,让怜悯的种子发芽、生长;让公义的力量得到见证,让诚实和良善、责任感成为我们的护身符。作为一种生活方式的志愿者行为,将引导生命的完整实现。

志愿行为的能量是博爱,志愿的反义词应该与占有同义。就如同花朵向着天空绽放,在自我之美的舒展中完成美,实现通向果实的生命转型。

志愿行为的果实是什么呢?是自我的完善和环境的公义。公义的环境是志愿行为的目标,同时也将给予志愿行为以支撑,这样人类的心灵便在历经考验后获得信仰的确认。

公益行为的价值前提是人文理想和社会关怀,在有悠久公益传统的西方社会,人们的公益行为一般直接指向具体社会问题和生命处境,"慈善"本身是全体社会成员个人价值系统的一部分。

志愿者精神是"慈善"理念在当代社会的新发展,作为一种信念和生活方式,志愿者行为就是去参与和帮助解决某些社会问题,践行一种社会理想,同时分享社会进步的成果。

在当今中国,由于人们的生活为物质主义和拜金主义所挤压,内心迷茫而困倦,而公益行为,提供了一种区别于单一物质取向的价值系统和生活选择,帮助人们寻求物质主义之外的价值认同。因此,公益生活能抚慰我们的心灵,它提供了一个让我们的心灵得以舒缓的空间,并为我们实现改良社会的理想提供可能。

志愿者行为的本质是无私,她基于爱和宽容,这也是判定一些行为是公益还是作秀的标准。这个时代是一个信息和资源空前丰富的时代。每个人特别是广大年轻人都有足够的空间去发挥自己的创意、想象力与能力特长,我们有时间,有行动和思考自由,有的还有一定的物质基础,完全可以让志愿者精神融进我们的日常生活里,从眼前做起,从身边做起,从家庭和工作岗位上做起,从现在做起,让公益行为成为我们生活的一部分,让公益生活成为我们人生的一个方向。

青年旅舍运动的历史是与志愿行为紧密相伴的历史,理想主义者满怀人生和社会愿景投身于建设与发展,之后又成为志愿行为的基地和志愿者的摇篮,志愿精神和理想主义情怀在这里生生不息。

　　现在，越来越多的由民间自发成立、自主开展活动的自下而上的民间"草根组织"，如今已经成为公民社会中一支不可忽视的重要力量。

　　"呼唤论坛"就是武汉的一个草根组织，它的发起者，是有着"社会建筑师"之称的张先冰。今年11月28日，张先冰组织武汉部分志愿者，在位于湖北洪湖境内的"长江新螺白鱀豚国家级自然保护区"，倡议成立"呼唤论坛"，捐款设立"绿基金——长江水生野生动植物保护宣传基金"。

　　作为"草根组织"的发起者，新生活方式运动的倡导者，张先冰在践行和倡导环保新生活方式方面，有很多创意之举，希望在播撒原创精神及民间意识的过程中，影响更多人。

　　作为一名志愿者，张先冰认为贵在坚持。他说，志愿者运动或者说行动的可持续，首先需要有信念支撑。因此，志愿者的自我激励不可少。同时，一个志愿者还必须具备一些基本素养：热爱生活、富有理想主义色彩和社会动员能力。志愿者在经历中培育社会责任感与利他精神，从而营造和谐的社会环境，推动社会的发展。

附录：呼唤论坛文献

● 长江白鱀豚自然保护区通讯

*武汉一批环保志愿者开启*

*"呼唤之旅"*

*倡议成立"绿基金——*

*长江水生野生动植物保护宣传基金"*

**倡议活动缘起：**

据10月28日英国《卫报》报道：2000年到2009年短短十年间，因过度捕捞和开采、栖息地丧失、气候变化、污染以及人类活动，在野生环境中濒危、消失或者被宣告彻底灭绝的十个物种中，生命习性与中国长江流域有密切联系的白鱀豚位列榜首。为避免类似的悲剧再次上演，武汉一批关注环境友好及社会可持续发展的环保志愿者（企业家、学者、艺术家、学生等）认为，保护环境除政府在加强立法、严格执法方面应承担责任外，民间社会应在普及生物多样性理念、强化环保意识和践行生态生活方式、遵守环保法律法规方面积极参与并尽快行动起来。他们倡议成立"绿基金——长江水生野生动植物保护宣传基金"。

**基金用于宣传：**

基金来源以民间环保志愿者的捐赠为主，该资金将定向捐赠给"湖北长江新螺段白鱀豚国家级自然保护区"，用于"长江水生野生动植物保护"的宣传工作。他们计划并希望通过这个基金：建立一个传播长江水生野生动植物保护信息的网站；拍摄一部反映长江水生野生动植物保护的纪录片；创作一组宣传长江水生野生动植物保护理念的雕塑；每年举办一次与长江水生野生动植物保护有关的论坛；每两年举办一次与长江水生野生动植物保护有关的艺术展；建议设立"长江水生野生动植物保护宣传周"；在中小学生中组织开展"长江水生野生动植物保护知识竞赛"及绿色营等活动。期望通过这些活动能够为唤醒全社会良好环保意识和自主行动，为长江流域水生野生动植物保护以及整个地球环境的保护作出贡献。

**"呼唤之旅"启航：**

11月27日下午四时，志愿者一行12人从武汉出发，夜宿洪湖，听取了保护区负责人及有关专家的情况介绍。28日上午八时，寒风凛冽，阴雨连绵，志愿者登上"中国渔政42003"考察船，开始了"呼唤——寻找白鱀豚"之旅，行程由洪湖新堤出发下行到白沙洲返回，途经腰口、中洲、护县洲三个豚类活动比较多的核心区。志愿者冒雨站在甲板上，手握望远镜，用心呼唤着，呐喊着"come back again……"，白色的精灵没有来，就连一向喜欢兴风作浪的江豚也没有看到。虽有些许失望，但他们仍然充满期待，满身被雨淋湿的摄像师里由说："今天天公不作美，以后我们还要来，一定会目睹它们的风采的。"

**"呼唤论坛"对话：**

28日晚，志愿者夜宿洪湖文泉宾馆。顾不上疲劳甚至感冒，志愿者、保护区负责人及有关专家开始了呼唤论坛的第一次对话。张先冰率先发言，深有感触地说："我把长期奋战在长江一线的保护管理工作者称作'长江战士'，我们要对这些战士们辛勤的劳动表示崇高的敬意！同时，我们人类应该对破坏环境的行为予以深刻的反省！地球上所有的生命与我们人类享有平等的地位，人类没有资格、没有理由剥夺其他物种的生命，现在我们应当对自己的行为负责。"他呼吁全社会应该为"抢救江豚"紧急行动起来。针对保护区目前面临的保护与经济发展、保护与航运、保护与涉江工程建设等的矛盾，来自武汉理工大学的章桥新教授认为要通过合理的、理性的、建设性的建议触动社会各界，他建议保护区在管理过程中要加大科技含量。从事动漫创意产业的专家郭华表示要将水生珍稀动物如白鱀豚、江豚、中华鲟等编成故事的主角，开发游戏软件和动画故事，通过喜闻乐见的形式寓教于乐，从而影响下一代人。

**宣传活动逐步展开：**

志愿者在此次呼唤之旅途中举办了第一笔基金捐赠仪式，并发表了《新螺：关注与呼唤》，29日，志愿者返汉后当即在新浪网开通《呼唤之旅》博客并按照各自的分工开展宣传工作。

## ● 民间志愿者发起成立呼唤论坛

2009年11月12日，来自武汉的一批企业家、学者、艺术家、媒介工作者及关注环境友好及社会可持续发展的环保志愿者，在武汉发起成立"呼唤论坛"。

**"呼唤论坛"缘起：**

2009年11月中旬，在"湖北长江新螺段国家级自然保护区"的支持下，由武汉一批关注环境友好及社会可持续发展的环保志愿者（企业家、学者、艺术家等）计划发起"呼唤之旅——寻找白鱀豚行动"。"湖北长江新螺段国家级自然保护区"的郭立鹤书记给此次行程确定了一个主题："呼唤白鱀豚"。我们呼唤的远不止因为我们人类的活动而处于灭绝境地的白鱀豚一个物种。我们呼唤的是一种意识，一种态度，一种风尚，一种生活方式和生活实践，一种社会文明……因此有必要"将呼唤确立为我们的一种人生态度，确立为一种社会责任，并成为我们的一种生活方式或行动平台"，因此，我们倡议发起"呼唤论坛"。

**"呼唤论坛"主题：**

找寻已失去的

关注将消逝的

守护在身边的

呼唤仍匮乏的……

**"呼唤论坛"形式：**

围绕上述主题，不定期地举办跨话语系统的对话和交流，并和社会实践有机地结合起来，为创造一个健康社会而思考和行动。

**"呼唤论坛"发起人：**

张先冰 郭立鹤 郭华 肖冰 里由 柯少鸿 张桥新 范植桓 张翅

# 第五章　交响生活

# 第五章 交响生活

引言：生命的和弦

热爱大自然，做大自然的情人；

参与环境保护，成为一个志愿者；

体验宽频阅读；坚持微观纪录；

在日常生活中感受诗意；在旅行途中发现文化……

生活的交响，带来交响的人生。

幸运的是，

这交响的生活，既受益于自己从事事业的启发，又

真诚实践了其倡导的事业伦理。

生命的和弦，

在自我的日常生存、社会发展、心灵完善中同步展

开。

# 越境生活〈1〉

# 理想企业创造生态价值

坐在记者面前的"大胡子"张先冰，散发着诗人气质，做过艺术杂志编辑，也曾在互联网行业几经沉浮，如今他"经营"着一家"旅舍"。从某种意义上来说，这家旅舍就是对他绿色生活方式的一种诠释。

### "探路者"：倡导绿色生活方式

如果你乘坐地铁到武昌的螃蟹岬，穿过幽静的昙华林，再拐过湖北美术院美术馆，会发现一片世外桃源。有着诗人、社会建筑师等多重身份的张先冰，在这里创办了湖北省第一家国际青年旅舍——探路者国际青年旅舍。从某种意义上来说，这家青年旅舍是对他绿色生活方式的一种诠释。

"早期的商业公司，主要提供功能性价值，随着市场的竞争和消费者需求的变化，转型到提供象征价值，象征价值有可能是某种社会观念，也有可能是一种生活态度，也有可能是一种人生愿景。"作为一个理想主义者，张先冰认为，传统商业模式为大众提供的象征价值还是比较间接，我认为最好的商业模式应该能为大众直接提供健康的生活方式。这就是张先冰创立探路者国际青年旅舍的初

非物质视野：

非物质诱惑：做大自然的情人

大自然，是生命获得的与生俱来的馈赠。亲近大自然，感受大自然的气息，沐浴大自然的光芒，是生命里最明媚的非物质享受。

大自然用美、用神奇、用自由、用创造、用变化万千，在我们的生命空间布展，引导我们情感和灵魂的注意力。

衷，为来自世界各地的年轻人，提供一个愉快、安全又朴实节俭的生活空间，以及一种亲近自然、分享友情的生活方式。

这家国际青年旅舍将两栋分别建于20世纪50年代和70年代的建筑加以艺术性改造，使之变成了一个空间丰富的生活驿站，中间的过道搭上透明的天棚成为一间别致的方言咖啡屋，两棵古老的枫杨生长在屋内，破棚而出。用于改造的一砖一瓦均是旧物，沙发桌椅也都是淘来的极富趣味的二手货。为旅客提供四人、六人等多人房间，提倡使用公共卫生间，咖啡厅的每张桌子都贴有节能减排的小贴士，每间客房的门口也都写上了一句环保的趣味小警言。装饰品有从东湖寻来的废弃的旧船，有富有传统意味的二手脸谱面具，也有民国时期的老式照相机等等。旅舍的每一个小细节，无一不透露着一个理想主义者对美的追求，对自由的向往和对环保的执着。

### 大自然的情人：感知她才能爱她

张先冰是一个"生命共同体"理念的信仰者，他说自己是"大自然的情人"。认植物、听鸟语、观天象并与他的知己分享是张先冰日常生活的组成部分。"每个人并非一生下来就是一个环保主义者，只有借助在日常生活中，对自然的接触、感知和认识，通过关注、欣赏、记录等建立起和自然之间的情感联系，热爱自然继而敬畏自然的情怀，才能在内心深处扎根，才能将爱护自然，视为自己的生活方式。"这是他的理念。张先冰每天坚持写自然日记，也引导自己的女儿朵朵关注、亲近自然。小小年纪的朵朵开始会在回乡下的路上数鸟巢，在自家阳台种花草，坚持写日记记录每一天的生活，创建属于自己的瞬间收藏夹。她和爸爸一样，也有一张属于自己的武汉通，响应爸爸的倡议，多乘坐地铁和公交。

**"社会建筑师"：用另类方式思考环境危机**

　　这些年，张先冰参与过许多环保行动的组织活动。早在2009年，探路者国际青年旅舍就参与了"地球一小时"的活动，成为最早参与此项目的本土企业之一；并曾经组织志愿者，在洪湖白鱀豚自然保护区参与保护白鱀豚和江豚的活动。这些活动让张先冰感知到保护环境的紧迫性和重要性。他一方面将注意力集中在从个人做起，建立个人和自然间的共同体关系，另一方面关注社会组织尤其是商业组织在推动环境保护方面可能发挥的作用。目前，张先冰计划利用青年旅舍这个平台，通过讲座、沙龙、研讨等形式，传播他热衷的"理想企业"模式，开设"理想企业讲习所"，介绍世界各地的商业机构在改善人类环境方面所做的担当与实践。张先冰说："所谓理想企业，就是那些能够促进生命自由和社会美好的商业实践，更重要的是投身其间的自我，也得以完善。"

# 关灯者

非物质视野:
## 非物质价值在心灵深处

一切单向、单次消耗的能量,都不可能构成持久的生产力。能量经传递、流转后还能以更大的效能回流,构成能量的递增,才是建设性而非透支性的。

如饱含真诚,保有耐心,基于信念的实践,将再造实践者。

信念若被悬置,最终被悬置的还是悬置者自身。信念发乎于心,只有在知行合一的生活实践中才能被光大,这是真正的光明。

张先冰的生活,在外人看来,非常理想化。傍晚,他会利用自己居住的便利,拍摄长江夕照,且坚持好多年。"现在,一年中可以看到美丽蓝天的日子越来越少,大多数时候记录下的只是一个个灰蒙蒙的天空。"住在长江边的他,看惯了缤纷满目的景观灯,当人们都在为这个城市的"亮起来工程"而赞叹时——因为这曾是一个城市繁华的象征。他却想,如果有一天,这些景观灯全关掉,短暂暗下来的城市将是一幅什么样的景象?会给我们带来怎样的感受?

他给正读小学的女儿朵朵买了一个绿色和平组织的筷袋,让朵朵出门也要自带筷子,减少使用一次性筷子;并在植树节认养了居住小区里的一棵茶花树苗,让女儿每天用心浇水观察。

在他创办的青年旅舍,全部换上节能灯,并提示客人随手关灯、关空调……

他从媒体上知道了每年3月的最后一个周六,是世界自然基金会发起的"地球一小时"的活动时间,但他更关注的是经过这样的仪式感很强的活动如何让更多的人在自

己的日常生活中，实践"地球一小时"所倡导的理念，而不是仅仅将"地球一小时"视为一场时尚秀。

刚迈入3月，他就开始筹备今年的"地球一小时"活动，无论是传单还是海报，他都亲自操刀设计制作。3月11日，活动海报及准备让她女儿在社区及其他相关场所发放的宣传单、倡议书就已经印出来了。并且从3月初开始，每个周末，他都在青年旅舍播放环保电影或纪录片，他相信青年旅舍是一个非常好的流动平台，"到这里的旅行者，每个人都是一个强大的流动传播载体，他们像一颗种子，能把环保观念和生活方式播种到全国乃至世界许多地方，产生更好的环保效果。"

对这次"地球一小时"的活动，他关注家庭和社区行动，他的青年旅舍和女儿都注册成为"地球一小时"活动的会员。"我会让女儿朵朵同她的小伙伴在社区里发传单和倡议书。""我希望自己不仅仅是某种观念认同者，同时也是实践者，最根本地，我希望自己是这些实践的受益者。"

# 乐活按摩，维客生活

非物质视野：

## 公共贡献的非物质诱惑

　　"贡献"不完全等同于奉献。奉献本身就是一种价值实践，而贡献是一种实践态度，是一种包含奉献精神的创造态度和行为倾向。最大的贡献是贡献价值观，一种能促进生命自由与社会美好的价值观，是贡献一种基于该价值观的生活方式或社会方式。

　　价值观是一种心灵方式，也在行为方式中得到体现。日常生活的诸多信条，皆源于人们的实践，但其势力却与发现、提炼、传播这些信条的行为息息相关。

　　LOHAS（*Lifestyles of health and Suatainability* 健康可持续性的生活方式）。早在1946年，英国有机认证机构就提出了类似的生存概念，却一直到了1998年，才由美国社会学家保罗·雷倡导进入主流社会，他花了15年的时间完成《文化创造：5万人如何改变世界》，LOHAS是里面最重要的概念，是一群"在做消费决策时，会考量自己与家人健康和环境责任"的人。没想到这一定义在后来变成了一种生活信条。

　　"乐活所倡导的生活方式，不少我以前就在做。但只有上升到信念的高度，我们的日常行为才能有一个精神归属，这样就有了更深层的驱动和更强的信心。"

　　社会建筑师张先冰最担心的是人们将"乐活"概念简单化。"中国文化的组织和消解能力都特别强，而且翻译的时候会突出感官层面，乐活本来是LOHAS的音译，结果大家一看记住是"快乐的生活"了，快乐是重要的，但个体的快乐并不等于乐活精神的全部，乐活更强调健康及个人的社会责任。比如我们说3·15消费者的权利，其实消费者也是有对应的义务的，在选择的过程中选择对社会、环境有益的产品。比如选择混合动力汽车，开混合动力汽车能够人为地减少温室气体排放，这就是一种支持可持续发展理念的态度。

　　在物质消费层面是如此，精神层面也有乐活的空间。

每每回老家，张先冰就会带着孩子和母亲一起聊天，这被张先冰称之为"促膝时光"。"母亲很感动，我们彼此也因此觉得很亲近，这其实也是乐活精神表现，就是爱的传递和分享。我觉得以后的社会该是一个保养型社会，身体要保养，车子要保养，亲情友情也要保养，那种极端透支的一次性消费，都不符合自然法则。"他笑着说，"建议办一个家庭按摩学校，妻子和丈夫都去学按摩，回家之后相互按摩，交流了感情，场地资源都是自家的，不浪费任何资源。这甚至比太极、瑜伽的乐活指数都高"。

　　张先冰将这称之为一种维修型生活："随着工业化进程的加剧，人类社会面临日益严重的社会和环境问题。一次性文化，浪费的不仅仅是地球有限的物质资源，也大大透支了人类几千年来孕育的文化传统。"张先冰说，"维修型社会就是在这种环境下提出的一种社会解决方案：物质资源的反复多次循环利用，延长使用寿命。故障维修、废物利用与改造，这些在我们的家庭和日常生活中都是非常容易实践的理念。"

　　他还补充说："中国许多国粹和传统文化都是乐活的，比如针灸，那是健康，节能，有利于环保的生活方式，这些将会被全人类所接受。"

　　2009年12月，联合国气候变化大会在丹麦首都哥本哈根举行，在峰会即将开始前，张先冰在自己的微博上写下这样的文字："哥本哈根全球气候峰会将要举行，在这次会议上，中国不仅要谋求发展，同时也要贡献价值。从农业文明到工业文明再到信息文明，人类今天显然步入了一个新的文明阶段：生态文明。在这个新文明时代，中国再不能错过文明价值贡献者、分享者的国家角色了。"

# 看，鸟巢！

非物质视野：
## 注意力价值的非物质诱惑

---

"看"是一种表露，也是一种发现，有时还是一种伸张或声援。

"看"，是私密的，是自我的沐浴。看到了什么，没看到什么；喜欢看什么，不喜欢看什么，滋养或装扮出不同的自我，所谓"眼睛是心灵的窗户"；同时，"看"也有公共性：有些人的"看"，引导了公共注意力的方向，结构公共注意力的分布，定格公共景观。

无论自我注意力还是公共的视觉倾向，应该被"能带来美和敬畏的事物"所吸引。

春暖花开、鸟语花香的季节，北京奥运会主体育场"鸟巢"揭开了神秘的面纱。她像孕育和呵护生命的"巢"，寄托着人类对未来的希望。

鸟巢是雏鸟最温馨的摇篮。行走于城市中，仰望树梢若能看到鸟巢，那是一种别样的惊喜。"劝君莫打三春鸟，子在巢中盼母归。"眼下，正是鸟儿筑巢求偶，产卵孵化的高峰时期。关注鸟儿生存，也是城市的一种责任。

一直以来，张先冰以自己创办的国际青年旅舍为平台，竭力将青年旅舍热爱自然、保护自然的理念，向社会传播。

平日里，爱关注鸟巢，他的照相机时常对准这个城市大街小巷的鸟巢，节假日，还常带着女儿去寻找鸟巢。每次回乡下，女儿都会数高速公路两侧的鸟巢。

从小在农村长大，张先冰有着上树找鸟巢掏鸟蛋的游戏童年；做父亲后，张先冰对鸟巢的情结渗透着浓浓的亲情观，他觉得，鸟巢好比人的家，是温暖和安全的摇篮，是最应该受到呵护的。

上周一个雨后的早上，记者跟随张先冰全家，从武昌江滩出发，寻找鸟巢的踪迹。"顺着绿树找，就能找

到巢。"一路走来，张先冰带着女儿且行且玩且看。武昌江滩、中山路梧桐树上有喜鹊巢，施洋烈士牌坊檐洞里有麻雀巢，华中农业大学水杉树上栖着灰喜鹊巢……全家人还给这些鸟巢起了时尚的名字："观江景房"、"经济适用房"、"名人居"、"学院居"，一家三口你一言我一语，自得其乐，格外有趣。

"看了绿色，听了鸟鸣，又加深了对身边环境状况的了解，这样的出行特别有意义。"

# 亲近诗歌

**非物质视野:**

## 非物质诱惑之诗意生活

当我们将诗意视为一种思维方式时，世界的知识将不同于现实的赋予；当我们将诗意视为一种生活方式时，世界的风景，将不同于流行的视野；当我们将诗意视为一种给心灵带来自由的信念时，关于世界的价值，将完全不同于传统的谱系。

人们都希望过诗意的生活，都渴望拥有诗意的人生。但选择实践诗意的生活，本身就是一种挑战性的选择。

诗意的人生是浪漫的，只有勇敢者才能最终拥有这种浪漫。

过百年历史的国际青年旅舍协会，有两位创始人，一位是德国的希尔曼，一位是荷兰人芒克。希尔曼是一位教师，而芒克是一个诗人。

在探路者青年旅舍举办的一次诗歌朗诵会上，我曾经讲过这样一段话：我或许是最适合投身青年旅舍运动的人，因为我既教过书，也写诗。

青年旅舍创办不久，本地的一些诗歌社团，常来此举办各种交流活动：诗歌朗诵、创作交流、新诗集发布会。旅舍的房间和走廊的涂鸦墙上，也经常能读到南来北往的旅行者留下的诗句。因此，这里也被称为诗歌基地或诗歌驿站。

是因为我本人写诗，让探路者青年旅舍弥漫诗的气息，还是因为青年旅舍诗一般的生活方式、诗一般的精神气质的影响浸润，让我本人的生活不时闪现诗的光芒？我感觉是后者。

一个写诗的人不一定就是一个诗人，只有生活富于诗意的人，才真正是一个诗人。

怎样的生活才称之为生活富于诗意？人生的方向接受理想主义指引；在日常生活中发现诗意；用诗和艺术的方式表现生活。这是诗意的生活，也是诗意的人生。

我并不愿意将这三点视为一种标准，更重要地，它是一种生活态度，一种价值观，一种值得我们全力抵达的生活境界。

自2009年起，每年公历新年第一周，我都会写一首短诗，记录当时的经验与心境，也作为新年献诗，寄托自己对来年的期待。这些诗作的主题，多积极宏观，希望给自己以积极理想的引导。2009题为《合鸣》；2010题为《帷幕》；2011题为《红日》；2012题为《沉浸》；今年，2013年的献诗，题为《天地》。

### 2013新年献诗：《天地》

灰蓝色的弧形天幕　　　　　　藏进我眼底
山岚陡峭　　　　　　　　　　更多的光
朝阳越过残云峭壁　　　　　　奔向江流
一束光　　　　　　　　　　　涌往辽阔的大地深处
淌入十字路口的鸟巢　　　　　茫然的黑暗世界
一束光　　　　　　　　　　　温暖蔓延
穿过枯枝碎叶

## 2012新年献诗：《沉浸》

光是明亮的
也是湿润的
万物在光里呼吸
在光里畅游 沉默 做梦
梦见光的追逐

梦追逐梦
浪追逐浪
一片黄叶
追逐一缕风
最后一片黄叶
坠落于光阴的怀抱

## 2011新年献诗：《红日》

新年是辆旧自行车
咯吱咯吱往前走。
清晨走到大堤口

我坐在后座上
一轮红日跃出云层
霞光穿越树林
树上叶子稀少，群鸟不见踪影

摆脱连绵的阴天，
大堤口的红日温暖我的脸
岁月就像一辆旧自行车
咯吱咯吱向前走。
我坐在后座上
大堤口饱满的红日
不能驻足凝视你

## 2010新年献诗：《帷幕》

辽远的天光　几家灯火
屋顶积雪裸露洁白
车灯在街头闪烁流淌
新一日戏剧的帷幕已拉开

跃飞的雀鸟冲破最后一缕夜色
涌动的江流追逐最初的波涛
女儿哼着幸福拍手歌上学去啦
她每一天都有新的课程

要经过漫长的盼望
大地才能迎来新一个春天
不需要太久的等待，
我们却能沐浴新的黎明

## 2009新年献诗：《合鸣》

晨光朦朦
灌木林中的野麻雀开始跃动
一边觅食一边歌唱
一边歌唱一边觅食

众鸟的合鸣
把我唤醒
爱梦依然耿耿于怀
失望和恼怒却被遗忘
这是平凡而崭新的旅程
寂静的热情在蔓延
思想将生意外
生活会有惊喜

我的工作与旅行有关，关注生态话题，坚持日常纪录，也常用诗歌的方式，纪录旅行以及从事环保公益活动中的见闻和感慨：

　　2012年7月7日和8日，我作为志愿者参加了由中科院水生所和武汉白鳍豚保护基金会（WBCF）组织的"2012年江豚守望者之旅"，前往鄱阳湖湖口水域观察野生江豚的生存环境，寻找它们的身影。我不仅现场用相机拍摄到了江豚跃出水面的瞬间，回来后还写了一首古诗记录此次湖口之行的感受：

### 湖口寻
7月7日随"江豚守望者之旅"湖口寻豚有感

未闻石钟山噌吰
忽听铁兽湖口吼
江湖交汇水流急
千帆争淘沙中金

万里长江一世浑
不容女神曼妙身
鄱阳湖水波千秋
何妒江豚跃晨昏。

注：
1.噌吰：来自苏轼的《石钟山》。
2.铁兽：苏轼夜游石钟山，见巨石如怪兽，我在湖口所见，往来皆是运输物的巨大船舶，在浑浊的江面上，也如同一个个怪兽。
3.沙中金：采沙挖沙运沙，成了长江流域人类活动的一道风景线，给长江流域的环境，造成严重破坏。
4.一世浑：一世30年，这里指近30年来，过度开发对环境造成的破坏。
5.女神：江豚被称之为长江女神，这个在地球上生存了数以千万年的物种，由于人类的活动，尤其是近几十年的活动，已被宣布功能性灭绝。
6.跃晨昏：江豚早晚捕食，早晨及黄昏更易见到它跃出水面呼吸的身影。

我关注江豚命运，并非始于这次湖口行。早在2009年11月底，我就发起组织了一批志愿者前往洪湖寻找白鱀豚、江豚。

这两次的寻访与守望，临近的赤壁和石钟山，均与大文豪苏轼相连。我于2012年7月10日，有一首现代诗记录了这两次经历：

### 呼唤与守望

从洪湖逆流而上
两年前的冬天
冷雨纷飞 汽笛声寒
第一次来到赤壁
呼唤长江女神的航程
只有冰凉的浪花相伴

2012 盛夏七七
第一次徘徊石钟山前
鄱阳湖水在这里与扬子江汇
江湖两色拥 天空白鹭飞
夕光沉浮的湖口
一只江豚几度纵身跃起
点缀一群守望者的旅途
滚滚长江东逝水
万古风流是大地
2030
我会在哪里呼唤守望
浪花淘尽的殉难者

注：

1.2009年11月底，我发起"呼唤论坛"，组织一群有社会热情的朋友前往洪湖白鱀豚自然保护区寻找白鱀豚，往返长江洪湖与赤壁段，未见其影。

2.2012年7月7日，我和一群志愿者参加白鱀豚基金会发起组织的"江豚守望者之旅"，前往石钟山下的湖口，寻找江豚。江豚一跃呼声起，傍晚时分，几只江豚先后跃出水面，守望者们兴奋不已。我还侥幸视频记录下江豚跃起的身影。

3.据专家判断，如果不采取果决措施，江豚将会在2030年前，步白鱀豚后尘。

4.我畅想并提议以"大地共同体或生态共同体"模式，尝试系统性拯救生态危机。

5.赤壁和石钟山均因大文豪的传世佳作而广为人知。

2012年7月10日星期二

生态诗歌是我的一个创作主题；2011年10月28、29两日，受朋友之邀，秋游罗田天堂寨风景区。留下古体诗一首：

### 秋游罗田天堂寨 [注]，

罗田人家善耕作[1]，
桑蚕板栗名远播，
九资河畔柿子俏，
圣人堂村游人多[2]。

天堂筑寨护家国，
哲人峰顶日月梭[3]，
大别秋雾藏红叶[4]，
义河黄沙盼清波[5]。

[注] 代日记

[1] 这是我第一次到罗田，这之前我对罗田的了解，仅限于"罗田特产有板栗"一说。这次在路途中，罗田当地的导游开篇便给我们介绍：很久很久以前，这里来了两户人家，一家人姓罗，开作坊，另一家人姓田，种地。漫漫岁月，这里聚集了越来越多人家，便有了罗田一说。有人种植，有人生意，这里的板栗、茯苓、蚕、柿子便闻名遐迩。

[2] 2011年10月29日中午，我们游完神仙谷，返程经过九资河畔，在这短暂停留，这里的硬柿子1.5元一斤，大家纷纷抢购。这里人头攒动，仔细一瞧，正举行"圣人堂村村长、村委会"选举，村委会前面的广场，搭起舞台、挂起横幅、扯起标语，正在点名发放选票，村民们自发排队领票，秩序井然。领到选票的村民，就地填写后，投进了用一纸盒做成的投票箱。台上台下挤满了拿着单反相机拍照的游客，我视频纪录了部分片段，还找发放选票的长者，要了一张红色选票作为纪念。

[3] 天堂寨的历史就是从抗击金兵的侵略开始的。哲人峰是天堂寨最著名的景点。我们坐索道，再经一个多小时的攀登，才到达哲人峰顶，浓雾笼罩，哲人的面容若隐若现，等到我们从峰顶下来，沿着另外一山道攀登大别山主峰时，回头一望，浓雾尽皆散去，哲人冷峻思索的面容神态，活灵活现展现在我们面前，不

过，几分钟过后，又隐藏进浓雾中。

[4] 由于天色较晚，我没能说服大家和我一起登顶大别山主峰，去了江淮分水岭处便原路返回。途中，我采摘了几片大别山红叶带回。

[5] 29日中午，我们在罗田县城吃中饭，餐馆就在义河（有市民告诉我叫北丰河）岸边，但这条罗田人民的母亲河，在县城境内基本干涸。这让我想起，我们的旅行车刚进罗田县城时，导游就介绍说，最早，一个福建人发现义河的沙有钱图，便以一年20万元和罗田县签了开采合同。第二年，罗田县觉得这不合算，便取消了和福建人的合同，转为当地人开采，义河的沙铁矿石含量高，开采的铁矿石均运到了武钢，每年的枯水季节，河道里挤满了采砂船。我来到义河河床，脚踏沙土，拍了一段纪录影片《义河环绕》。

回武汉后，我在网上读到，有关"义河清波"的传说，可以追溯到久远的过去，一条河流对这片土地情深意重，如今，"清波"难得一见，我们人类对养育我们的河流无半点爱护之情。

2010年2月4日，我开始写作组诗《二十四首自然和时代的歌》。

这是第一首：

### 《立春》

人们都在谈论春天的到来
可我推开窗，看到的是一片灰黄
时代为雾霾笼罩太长的时日
以至无法看清世界的远方

2010年的春天，
我不能像诗人那样把颂歌唱给她
今天，我是一个疲惫而执着的行者
想说出我的茫然

我看到的世界是那样虚伪和单调
我不喜欢虚伪更不喜欢虚伪的重复
那是玩弄时间的把戏

我就像一颗螺丝

不断被拧紧

春夏秋冬年复一年 丝丝入扣

直到不能动弹也无力反抗

难道这就是命运的轨迹，与自由背道而驰？

今天是立春，人们都在谈论春天的希望

只有置身春天 才能说出春天的慷慨

我的步伐不在这个季节

如何能描绘她的足迹


于我，春天只是一个久远的传说，

有时是一缕清新的回忆

北风已将落叶吹得无影无踪，

有些它吹不走；

春天会带来绿色、暖光或雨水，

有些她可能带不来！

正如我不停前行也仍未抵达的梦境

　　《二十四首自然和时代的歌》目前创作了《立春》、《雨水》、《小雪》、《冬至》四首。


　　诗意是一种心灵的状态，我相信这种心灵的状态，能够影响到周围的世界。商业、商业组织、商业行为是否也可具备诗意？答案取决于我们自己。

　　在日常生活中发现诗意，生活的展开便不贫乏；将诗的情怀，寄予流动的时空，自我不至迷失。"亲近诗歌，是亲近一种生活方式"，诗意的生活方式，也是一条救赎之道，自我将沿此从物质、欲望以及现实的缠绕和压制中解放出来。

# 书房就在长江边

非物质视野：

## 书香人生的非物质诱惑

如同花草香一样，书香也是心灵通向更广阔时空的导引。

花草的芬芳，带给人的不仅是嗅觉的美妙感受，也是神性借助大自然向生命的召唤；书香，也诱导或指示生命穿越历史和文明的花园，在历史和文明的浸润中，获得澄明与自由，抵达更辽阔的时空。

人生错过了书香，就如同春天里不曾走进花园，错过的不仅是风景，而是心灵的洗礼。

在张先冰的书房，能望见长江水、听到轮船的汽笛声，到了黄昏，还可以看到一抹夕阳，一缕晚霞，也时常会有麻雀降临窗沿，或者一只白鹭从容地飞过窗前。在阴天，透过书房的窗户，依然可以一览茫茫长江，感受"天色阴沉就是赞美"。

张先冰的家位于武昌，与著名的黄鹤楼和龟山电视塔遥遥相望。一进门走入客厅，立即会被窗外长江开阔的视野所吸引。右手边就是书房，大约60平方米，朝北的两扇窗户隔着一段距离，且都能望见轮渡和码头。门口放着从美术展览馆买回来的两尊拴马石，"当时看中的就是它历经自然的磨砺，也充满人气。"张先冰说。

书房是张先冰自己设计的，亲自买木材和请木匠，折腾了很长一段时间，目的是做到"家里每一个地方都可以放书，每个房间都有书柜"，甚至在阳台上也专门做了一个书柜，而所用木材均是原木，纹路清晰。在书架前，一块长四五米、宽40厘米的木板做搭台，下面垫着从外地淘来的一个石门槛，既可以在取上层书架的书时当脚垫子用，也是一条别致的长椅，颇有个性。自从张先冰的女儿朵朵开始上小学，书房的一半就归女儿使用，她也有一个

三层小书柜，这里成为父亲与女儿共同读书写字的地方。

　　张先冰的书架属于敞开式的，当时特意没有安装玻璃门，"这样比较随意，视野也开阔"。2000年以前的藏书基本都放在另一个书房里，现在书架上的书，都是他新世纪以后陆续买的，"加在一起大概有一万册"。书架上的书摆放整齐，当初设计书架时就考虑了书的开本大小和分类，按照杂志、大开本、小开本的尺寸分了大小格。

张先冰的阅读习惯是五六本书齐头并进。他认为这个时代大部分人应该选择这种阅读方式，因为"大部分人是不会做专业研究的"，"跨学科选择书籍、同步阅读、经典与流行文本同时吸纳，会让你的思想充满活力"。他把这种阅读称之为"十谷米阅读法"，各种粮食掺在一起吃，很健康。只要仔细看下他的书如何摆放就知道他读书的"杂"：《论文字学》旁边是《乳房的历史》，《福柯的面孔》靠着《美国的社会与文化》，《分裂的一代》旁边是《权力意志》，接着依次是《中国变色龙》、《被围困的社会》、《美国的广告》、《永远的芭比》、《物种起源》和《全球公民社会》等等。张先冰说："各种思想、资讯体系你都能自由穿梭，来源于你的阅读本身就是不受限的。"

在张先冰的房间里，还有一个红木书柜，以前是装酒用的，现在用来放一些珍藏的大部头书，比如《剑桥中华人民共和国史》、《世界文明史》、《蒙田随笔全集》、《博尔赫斯全集》、《叶芝全集》和他非常喜爱的意大利著名作家安伯托·埃柯的《昨日之岛》、《玫瑰的名字》、《傅科摆》。埃柯最新的散文随笔集《密涅瓦火柴盒》也放在上面。

从80年代就开始进行诗歌创作，张先冰书架上的诗集还保留着那个年代的一些痕迹。如旧版的"20世纪桂冠诗丛"、《布莱希特诗集》，此外还有他喜爱的里尔克、兰坡、穆旦、荷尔德林等人的诗集，且每个人的诗集都有两三种版本。现在他每天早上都会读一读《弗罗斯特集》。用女儿朵朵的话说："爸爸是一个很文学的人。"他曾长期迷恋于收集《外国文艺》和《世界文学》。这两种杂志也被摆在书架的显眼位置。

**有抱负的"社会建筑师"**

在接受南都记者采访的当天上午，张先冰刚刚驱车送诗人于坚到武汉天河机场回云南。于坚和韩东、杨黎等人一起来武汉参加民间诗会。张先冰的青年旅舍就是诗人们的住宿地和活动地。几年前，在武汉本地诗人的倡议下，青年旅舍挂牌成为了"湖北诗歌基地"，这里也经常成为文学、纪录片和先锋艺术活动的重要场地。于坚几年前第一次来旅舍参加诗会时，就曾在楼梯斜面的底部涂鸦："生命在哪里停泊？上帝说：莫问！"今年他带了几本新出的小诗集——《便条集》来武汉，其中题签给张先冰女儿朵朵的一本，也被珍重地放在"酒柜"里。

张先冰正在考虑在青年旅舍举办一次诗歌节，不过他更注重的是诗歌的公共性，会做成现场艺术，"为社会公共空间提供价值观念"。张先冰说，自己是一个普通公民，也是"社会建筑师"，希望社会朝向更好的方向发展。他觉得在国家、社会、个人三者中，很少人去真正建设"社会"，而我们今天置身的社会是"砖混结构的，没有结构性支撑，没有可调节的自由空间，抗冲击的能力也很弱"。社会建筑师的责任就是通过一个载体为社会提供价值观念，"如果社会是一个框架结构，那就会比较稳定，它内部的空间就可以任个人自由发挥而不会动摇基础"。青年旅舍就是张先冰自己的载体，它能自给自足，能在日常行为中见出行动力，社会价值与理想在这里很自然地形成，并且通过国际旅行者的脚步传播给更多的人。

# 阅读：穿越与交响

## "新我"的非物质诱惑

不断自我更新，让自我不至沉湎于欲望的诱惑，更能摆脱一切潜在和显在的物质、权力及其衍生势力对心灵的控制。

学习、实践和自省，是更新自我的三条路径。

尽管阅读不是学习的唯一途径，但完整有效的学习，离不开阅读，广泛多元的阅读为自省提供方位感和能量。

所谓"温故而知新"，一个常新的我，既自由又富有。

张先冰爱读书，倡导"宽频阅读"，即所谓跨学科、跨文本阅读。

"我认为，宽频阅读培养两种能力，一种是穿越能力，另一种是交响能力。这对培养人心灵的敏感性和文化的包容性，是大有裨益的。"张先冰阐述到。

张先冰所说的"穿越"，即找到不同事物间的内在联系，在此基础上进行整合，就形成了所谓的"交响"。"好比道出'自然是行者的庙宇'，就是发现了不同事物间的'秩序'。"

张先冰爱读书的习惯也影响了读小学的女儿。每周日，他都会抽出几个小时，带读小学四年级的女儿张芸朵去崇文书城看书。小姑娘爱看什么？"不是国学、不是名著，而是科学、科幻类书籍。""以前，我也曾建议她读些诗文，她却并不一定都喜欢。后来我想通了，培养孩子静下来读书的习惯，比读什么书更重要。要知道，孩子还有一生的时间，去选择，去接近……"

对于城市的读书氛围，张先冰有自己的体会，"20世纪90年代我刚来武汉时，很爱到武汉大学旁边的旧书店淘书，那时，书是稀缺性资源，大家读书都有一种如饥似渴

的感觉。"

　　近年来，武汉图书市场越来越繁荣，华中图书交易会今年已是第10届，但张先冰觉得，人文阅读的氛围反而没有当年那么浓厚。"工具型、应用型、流行读物销量大好，但研究性、思想性的图书，进入人们视野的相对较少。"好在近几年，一些小社团和书店为拓展城市阅读深度广度做了不少事。"我始终认为，读书尤其是个性化阅读，能让个体获取内在能量，多看一些有理性思考和文本探索性的书籍，加强内省和自我更新，能让人受益一生。"

# 遇报摊停下来　见书店走进去

**非物质视野:**

**社会公共空间的非物质诱惑**

———————————

超市和商场,是人们日常生活离不开的社会公共空间。在我看来,书店也同样不应被绕过去。

除满足物质需求外,超市或商场,不是刺激我们,就是麻痹我们,无论刺激还是麻木,最终都将我们控制。

走进书店的人们,大多带着好奇心、求知欲。书店是直接与人的心智相关联的社会公共空间,书店当仁不让地满足那些寻求心灵慰藉,拓展智慧空间,摄取生存的能量的人们之所需。

书店,存储的是纯粹的非物质能量。

女儿张芸朵今年十岁,读小学四年级。作为父亲,我这十年来,就做了一件值得欣慰的事:陪孩子成长。亲近自然,走进书店,是我陪伴女儿最日常化的方式:遇报摊就止步,见书店就走进,已成习惯。

武昌雄楚大街上的图书城,是我带女儿去的最多的书店,每次去,尤其女儿读三四年级后,我都让她单独在儿童图书空间独立阅读,我自己则去我感兴趣的文学艺术类图书陈列区看书,每次她都能在儿童图书空间专注读一个多小时的书。

我喜欢看流行杂志,行走在街头,遇见报摊,驻足停留,看我偏爱的报刊到了没有。如果女儿和我在一起,她也会专注翻阅她感兴趣的《公主画报》。

这些年,我每隔几个月,就要带女儿回天门老家一趟,看望奶奶,认识乡村。老家镇上有个旧书店,每次回去,我都要带她到那家旧书店去淘书,几年下来,我们在那里买了100多册书,有我喜欢的社会学方面的书籍,更多的是适合女儿读的各种童话故事及绘本,其中有20世纪90年代中期,湖北少儿出版社出版的绘画版《安徒生童话全集》、《格林童话全集》等。这几年,我给女儿读

过的数百篇童话故事，大部分来源于在这家旧书店里买的书。有一次，她自己蹲在书柜下面找，找到了一本厚厚的书，我一看封面，书名叫《宇宙索奇》，那时，她刚读二年级，也是从这次开始，我才意识到，我们父母认为重要的书，也许并未完全涵盖孩子自己感兴趣的部分。自那以后，我便开始重视孩子的自我阅读兴趣，买书、读书都以她自己的兴趣和偏好为主。

去年高考，湖北省的高考作文题为《旧书》，去年高考结束没几天，我让女儿以《旧书》为题，写了一篇小作文，以一个未满9岁的三年级孩子的身份，模拟参与了一次高考创作。我在这里将她写的这篇短文念一下：

### 《旧书》

每次回乡下，爸爸都要带我去逛旧书店。记得有一次，我在旧书店看到了一本旧的故事书，旧得不成样了，但爸爸还是把这本故事书买了下来。回到家，爸爸就把这本书拿纸一擦，然后又放在太阳下晒，晒了一上午。爸爸对买的这本旧书很有兴趣。可在我看来，这一本旧书太旧了，要我来洗，都不一定能洗成最干净的。

但这一次我们回老家的时候，我爸爸到处找，也没找到上次回来时买旧书的那家旧书店，原来旧书店的老板把她的房子转给了一个开餐馆的人。

我爸爸说："我的文化库没了！再也不能买到旧书了。"

　　一本旧书可以让你重新来到一个新的世界，没有了旧书，你就回不到古代时的世界。

　　我爸爸最爱逛旧书店了，每次都要带我来，虽然有时我不是很愿意，但我希望我的家里什么书都有，读书破万卷，下笔如有神。

（这篇小作文正好是去年6月12日写的。）


　　在我的观念里，读书应是一个现代人最基本的生活方式，人生中如果没有书香弥漫，是非常大的缺憾。不读书，生命的完整性是无法实现的。买书、读书、朗诵、写读书笔记、交流读书心得，这些童年时与书亲密接触的经验，既是一个人书香人生的起点，也为自由、丰富、交响的人生，储备了可持续燃烧的能量。对于我的女儿来说，这一起点和能量的摇篮，便是大大小小的书店，形形色色的报摊。


（2012年6月16日父亲节，这篇稿子是我在武汉市宣传、教育部门组织的"2012我们一起读书——亲子读书节"上的发言稿。）

# 微观记录

## 人生：日子，日志

我总是羡慕两类人，一类是创造者，一类是自我记录者。

为这个世界（包括人类的心灵空间）创造了新景观的创造者，让人景仰；而坚持记录自己日常生活及现实经验的记录者，更值得人效仿。

我从2009年11月16日，开始写微博。坚持至今，正如我在微博里写道的：坚持记录，让人感觉生活是值得生活的。

在我创办的探路者青年旅舍，播放纪录片、举办纪录片研讨讲习活动，更将记录推向了一个更宽广的领域：社会记录。

这样，记录的力量，不单单是为自我认同提供凭证，也为社会变迁提供依据。

微观记录 ⟨1⟩

# 记录，作为一种生活方式

2009年底，张先冰迷上了微博，他将微博当作生活管理平台，将微博写作作为一种生命及生活价值的体外留存。他坚持每天写微博，两年时间写博文近万条，逾100万字。浩瀚生活，通过写作微博，让他感觉每一个平凡的日子都是值得经历的，都是有价值的，都是值得赞美的。

张先冰的微博名为"越境者微观之道"，每天写作微博，记录生活，已成为他的一种生活方式。

何为微观？张先冰的解释是，离事物最近，和事物保持最密切的联系及最持久的关注。在他的微博首页，有着十几个分类篇目：微观自然、微观教育、微观纪录片、微观城市、微观街头、微观文化、微观社会等等。生活、经验、故事、思考、阅读、社会实践等，张先冰将微博作为自己"社会建筑"的作品，是一个有管理的微博记录史。"平凡的生活就像一个个碎片，而微博记录则将这些碎片串成有价值的人生。"

"不知你今晨听到这只鸟鸣没有，在武汉我是第一次听到，它的叫声很像这个浮躁时代那些俯拾即是的抱怨者、大嗓门的争吵者，我给它取了个名——'报告鸟'。其实'抱怨鸟'更贴切。"——2010年5月23日

"晚霞茫茫之际，又见白鹭点点。实际上，早晨带女儿在乡村公路上寻找知了壳的时候，成群的白鹭就已经开始在与昨日相同的一片田野觅食。乡野夜色浓，蚂蚱大合唱。在城里唱主角的蛐蛐，此刻仿佛是个场

记。"——2011年8月10日

这是张先冰的两条微博，他时常回放、回味从前的博文。"一件再普通不过的事情，一旦文本化就变得很唯美很诗意。"凌晨的一轮弯月、流经老家的清澈汉水、江城火炉的曙色、乡野夜色浓，

蚂蚱大合唱……张先冰的记录细腻而又饱含激情。在搜索栏里，输入"鸟鸣"，可以检索出绿鸠、翠鸟、斑鸫、雨燕等不下十种鸟类；家中的牵牛花开了，从一朵到五朵；与女儿在江边采的芦苇……"延着生命的使命展开生活。"这样的展开，让张先冰感受到生活时时充满惊喜，充满期待。

微博记录，也成了张先冰的亲子平台。张先冰说，父亲去世后没有给

自己留下只言片字，甚至连一张可作念想的照片都没有，多少有些遗憾。
"用微博记录下陪伴女儿一起成长的时光。"是自己微博中最宝贵的一部分。张先冰在微博上开了个《朵语录》的栏目，专门记录女儿朵朵经历的一些有趣的事情，说过的一些稚嫩的话，他还特意向从小带女儿的姥姥征集"旧事"，准备在女儿12岁时为她出一本集子。"这样的话，父爱亲情就永远在线。"微博记录，让张先冰发现，生活是浩瀚且充满质感的。

记录生活，记录情感，也记录思考记录社会。

喜欢纪录片，关注纪录运动的张先冰，对纪录片有自己独到的见解，他倡导纪录工作者与时代和事件保持"近与跟进"的关系，这样才能尽可能地消除主观和偏见。

在《微观纪录片》里，他记录了自己回乡村拍摄村民口述历史以及蛙鸣鸟叫蛐蛐大合唱的自然景观，为的是给自己渴望建成的"乡村记忆馆"准备素材。"如果能坦率地纪录自我，也就有资格勇敢客观地纪录世界。"张先冰努力做一名优秀纪录工作者，做到勇敢与谦卑。"敢于最距离接近现场，同时保持对时间的虔敬。"保卫生命，弘扬生命。在张先冰看来，纪录片是社会保卫运动的一部分，也是一个有抱负的"社会建筑师"应该捍卫和坚守的。

每个人的日常生活都是由无数"微观点"连缀起来的，发现、捕捉、记录、体验这日常生活中的"片刻"，生命的质感能在时光的流逝中经受磨砺，并从中过滤、沉淀下来。通过微观，张先冰不仅发现了生活的美、生活的闪光点，还体验到生活的丰富性，从而塑造了宽容的生活态度。

**《越境者微观之道》微博分享**

◎生活一定要且应该被记录。我的微博是个人生命史，是个体人生的"资治通鉴"。

◎真正的修炼是在经验和日常生活中完成的，沉思默想与修炼无关。人生的力量不是因为你掌握了真理的语言，而是因为你驾驭了生活。

◎事实就是这样，魔鬼一开口就是真相，而天使却还要创造真相并反复解 释。

◎善良是一种解放的力量；愚蠢是绑架者。

如果小草不展绿；如果鲜花不绽放；如果积雪不消融……不知太阳是否会厌倦它的照耀。亦或照耀就是照耀者的墓志铭。

◎没有圣贤和大师陪伴的历史不是历史。

◎和自然一样，生活也是生产性的，生活有生生不息的生产力。

◎如果你没有独特的经验，不可能有独特的想象；如果你没有公共的经验，你不可能具备公共的智慧。

◎人们多有追求不平凡的意愿与冲动。这种"非凡"意识，并非与生俱来的，而是教育的结果。

◎女儿蹲在镜子前，仔细端详自己的脸，我对她说：天天对着镜子的人，不真实。

◎将生活文本化，就挽救了生活。

◎只有创造，才有可能摆脱时间的束缚。

◎一日始于宽容。从不原谅、斤斤计较开始的一日，失去的，远不止用缺斤少两来衡量。

# 莫辜负时光

### 一轮残阳照两江

　　家住长江边，下楼就是武昌江滩。江滩边的长江观景第一台是常陪女儿去游玩的地方。在这里"遥望长江天际流"，目送浩渺长江水穿城而过，感受"极目楚天舒"的博大胸襟，是体验大武汉雄浑开阔的城市空间的绝佳所在。

　　最爱在这里看夕阳。初冬的时候，从这个角度看过去，太阳顺汉阳方位缓缓西沉，勾勒出古老的汉阳城苍茫的剪影，让人感念"日落汉阳城，芳洲草又生"的古意情境；盛夏时节，太阳则沿南岸嘴处落下，夕阳照在长江和汉江上，余晖染红了天际和两江江面，波光云影相辉映，是"一轮残阳照两江"的另一番诗情画意。不同的季节，太阳从这座城市不同的地方落下，在天空划出不同的弧线，形成不同的美景。这些岁月流转的细微区别是很值得珍惜的美好，傍晚时分亲历大汉口闪烁霓虹和江城的诗意文脉融会在此天地之间。顿生对自己生活城市的热爱之情。

　　江面上时有几艘小渔船往返，运气好可以从渔民那买到鲜活的江鱼。

　　随身携带相机，记录每天的落日，这是多年的爱好，慢慢地成了生活的一部分。时间一长，回首这些照片，真觉得我们身边那些激发我们热爱生命的自然美景不珍惜就太可惜了。

### 汉口金银湖湿地公园

　　金银湖湿地公园是离武汉城区最近的湿地公园，从武昌开车穿过大都市的繁华与喧闹，来到绿树依依、花草茂密的金山大道，清新的空气、舒展的视野，一下让人心旷神怡。在湿地深处,躺在自带的秋千上听鸟鸣、看

　　浮云飘摇、感受清风拂面，对于今天的城市人来说，多奢侈呀。公园更前面的那段路上，两旁树上可以看到不少喜鹊的鸟巢。喜鹊的巢很大，多用筷子般粗的枯枝做成，搭建在树梢上。其密度和体积一般闹市区不多见，有的连续5、6棵树上都有鸟巢，有的一棵树上就有3、4个鸟巢。带着观鸟镜，和孩子一起找鸟巢，听喜鹊在林间喳喳飞来飞去，对环境的热爱油然而生。

### 众声喧哗前进路菜场

　　这里离我家不远，我几乎每天都到这里买菜。这是一个典型的老旧菜市场，较大，下雨时里面会泥泞不堪。清晨菜贩会扯着嗓子叫喊"跌了跌了"招揽生意，讨价还价买卖声此起彼伏。这里没有超市干净有序，但充满浓浓的百姓生活气息。这一带以前是国棉厂所在地,后来众多高档小区相继拔地而起,来买菜的有慢悠悠讨价还价、挑三拣四的退休老工人,也有不善斤斤计较的年轻人,还有开豪华车来无暇讨价还价的新楼盘居民。

前几天去买菜,看到旁边拆迁的老房子已人去楼空。一只八哥不停地反复撞着那户紧闭的窗户,也许它并不知道主人已搬到别处去了吧。这里在建地铁站,这个充满人间烟火气息的原生态的菜场,可能过不了多久也会搬迁。这里没有绚丽的美景,也没有浪漫的故事,但它是社会戏剧最熟悉的舞台,是我生活空间不可或缺的部分,它每天都在教导或提醒我对劳动的尊重和对生活的珍惜。

# 人类学旅行

## 旅行，就是在田野
—— 关于人类学旅行

  作为一个将热情和理想投身于国际青年旅舍运动的探路者，理当对旅行及旅行文化有自己特别的理解。

  几年来，在接触、认识了无数南来北往的旅行者尤其来自世界各地的旅行者后，我个人对旅行作为一种个人生活方式、一种社会交往方式的认知渐渐清晰，对旅行于己于人于社会的价值，有了更确切的认知。我的观点集中体现在这样两个概念中：一是在地旅游；一是人类学旅行。

  在地旅游前面已经表述过，在这里要简要描述的是人类学旅行，确切地说是文化人类学旅行。

  在文化人类学旅行者的眼底，旅行的过程是一个田野经验的过程，旅行者在旅行地、在旅途中，细致观察、了解、接触当地人们的意识方式、生活方式和社会方式，发现、感知这些意识方式、生活方式和社会方式背后的文化痕迹、文化烙印、文化缘由，并尽可能身体力行地接触、感知这些文化的气息、脉搏或力量。

  文化人类学旅行毕竟还是旅行，旅行者的田野经验不同于文化人类学者的田野考察。他们的相同之处是都需要有田野笔记，不同之处在于，文化人类学旅行者还要有主动快乐甚至创造性的旅行阅历。

录在这里的三篇游记，尤其《黄梅行》、《荆州行》两篇，接近于一个文化人类学旅行者的田野笔记：饱含个人经验的细致参与。而这类游记，可能成为专业人类学研究的一些补丁。

　　《黄梅行》、《荆州行》是完完整整的旅行日志，事无巨细，原始备份。它们基于我对人生、生命意义的理解。珍惜生命、善待生命的最有力的作为，是留下我们活着的证据，我们这些普通人的人生，没有传奇，没有惊天动地的戏剧性，有的是日常，日常才是我们生活过、追寻过、爱过的唯一证明。在日常性里，我们和时代发生交汇、发生碰撞，大多数时候，我们是被时代所裹挟甚至埋没、吞噬的，但我们的心灵的自由和觉悟，也会偶尔激发我们参与时代而不是旁观命运。而记录我们的日常，珍惜并尊重我们自己生活的点点滴滴，无论是见闻、心思还是行动，就是抵御时代之滚滚洪流的生命作为。

　　不忽略、不藐视、不遗漏与我们的生命和命运息息相关的日常，本身就是热爱生命、热爱生活的有力证明。这就是我所理解的生活田野。这些田野经验，对专业人类学家而言是补丁，但却让旅行者自身与历史、文明、时代产生了密切的联系。

人类学旅行〈1〉

# 旅行也要看"穴脉"

### 发现穴脉

"其实好多知名景点都没意思，像黄鹤楼、大雁塔，也没啥看头，照张相就可以走人了。"在青年旅舍，每次听到游客跟他如此抱怨，张先冰就会回应说：旅行其实也很讲究"穴脉"的。

中国风水里的"穴"指向纵深走向，而"脉"则是横向延展，借用到旅行中，就是你到一个地方后，不仅要看现在的风土人情，更要去寻觅它纵向的历史痕迹。比如说古琴台，来武汉的人都该去看看，但是只看它的外观是不够的，应该去探寻并感悟它背后的故事。古琴台的故事中流传最广的是有关知音的故事，其实伯牙学琴的故事也是很值得回味的。伯牙跟师傅学艺三年，师傅说我再教不了你什么了，你到蓬莱岛去，那里有个师傅琴艺远胜于我。伯牙按照师傅的旨意，来到蓬莱岛，却是一个无人之处，只有雷鸣海啸，风月星光，他才明白，原来音乐就是人的灵魂节奏和大自然节奏的契合。伯牙的这段经历其实是一种旅行经历，旅行中的顿悟和感受成为个人精神的一部分。这其实就是读万卷书，行万里路的要义所在。

张先冰说，对于中国的都市白领们这种有意识的"发现之旅"尤其重要，因为对国外的年轻人，旅游是很常态的事情，而中国人出行需要请假、准备钱等等，所以这样辛苦一趟只去拍几张照片，是最不划算的事情。"人是可以塑造的，好的旅程也可以塑造出一个好的生活品质和心灵状态。"

**唐诗宋词都是旅游博客**

　　如果你不想那么辛苦地去思索旅游景点的过去和未来，即使只在大自然中观光欣赏，其实同样对自己的内心能有净化作用。"现代都市人，神经总是紧绷，所谓城市是嘈杂的，不仅仅是声音的嘈杂，更是内心的那种慌乱的状态，所以，旅行提供一个疗伤机会。"

　　张先冰更是很有创意地说："其实我们的文化瑰宝——唐诗宋词，按现在时髦的话说，不就是旅行博客么？比如黄鹤楼，李白、崔颢都因被它打动，而留下了自己游玩后的感受。毛泽东写的那些对长江的感慨也是如此，都是旅行转换地点，带给他不一样的冲击。所以，旅行也是激发人的潜能和情绪的一个好机会。"而且，"文脉的传承很像今天的跟帖"。意识到这一点，旅行的观察也多了一个脉络。

## 往前再走一步

张先冰在青年旅舍门口，写下了大大的一行字：往前再走一步。"比如看见一个胡同，有人根本不进来，有人来瞄一眼就出去了，但有的人继续往前走，也许就是大胆往前走了一步，却发现了不一样的风景。所以我鼓励大家，不论是在旅行中，还是在生活中，都要往前再走一步。"

张先冰希望热爱旅行的人们不仅仅关注自身的愉悦，能"往前再走一步"看到他人的需要，现在不少旅行者推崇 Discovery 那样的探索游，走一些别人没走过的路，自然会到偏远山区，接触到贫困家庭的孩子。他依此发起了"梦想阅览室计划"：你在旅途中拍下的好风光、繁华城市、你大学的毕业证书的复印件，甚至记者证的复印件都可以，主要是一种视觉上的东西，送给那些小孩，让他们能对正面、积极的东西产生一种向往和憧憬，并且长期保持联系，让他们梦想可望也可即。

"我一直坚信，要变改人生，首先要改变自己的精神世界。而且现在公益行为早已成为很多都市白领的一种常态方式，在旅途中通过这样的活动，让他们轻松地承担起社会责任。"

（2006年10月3日《第一生活》 文：张爱莲）

# 阆中行

2004年5月我和未满2岁的女儿在阆中古城的落下闳雕像前合影留念。

现在回想起来，我第一次看超女们在电视上秀自己是2004年的5月初，在四川北部城市南充长途汽车站旁的一个小餐馆里，当我们早晨乘长途大巴从成都出发抵达南充时已是中午，电视上"超女们"想方设法展示自己的才艺，在小餐馆的食客和服务员中引发阵阵笑声，我也正是在这阵阵笑声中抬起头不经意地扫了一眼电视：荧屏上的女孩们为她们心中的梦想所诱惑（她们渴望表现自己，更渴望一夜成名）。而诱惑我的是离南充城还有2个小时车程的中国历史文化名城：阆中。

## 夜色朦胧的天文之乡

相传《易经》是由伏羲氏所作，伏羲氏的母亲华胥为阆中人，传说伏羲早年在阆中也留有足迹，阆中是中华本源文化的发祥地之一。它是与云南丽江、山西平遥、安徽歙县齐名的当今中国保存最完整的四大古城之一。从公元前314年秦惠王置阆中县起，迄今已有2300多年的历史，是至今全国唯一一直保持原名的历史文化古城。

阆中是我国古代天文研究中心。《太初历》是汉代编制的一部有文字记载以来最完整的历法，其作者就是西汉大天文学家、巴郡阆中人落下闳。《太初历》将每年正月定为岁首，即正月初一为春节，沿用至今。落下闳晚年辞官回阆中建观星台进行天文研究，锦屏山上的奎星楼就是为纪

念落下闳而建的：这位观天巨人，昂首长空，手抚球形浑天仪，似乎仍在窥探茫茫太空的秘密。

我之所以选择去阆中古城，一个重要的原因就是我对天空的迷恋，这种由童年时代就激发起来的好奇心，一直陪伴我好多年，由于城市日常生活节奏越来越快，现代人已经没有观看天空的时间和习惯了。当然说没有时间只是一个借口，因此我想到阆中这个孕育了中华民族最初时间和空间意念的古城去追寻时空的秘密。

我到达阆中古城已是傍晚时分，在状元坊前租了一辆人力三轮车，让师傅带我在古城的街巷粗略转了一圈。阆中古城现有九十条街巷，笔直交错，纵横有序，大多仍然保持着唐宋时期的格局，也许每条狭长的古街，都通向历史深处某一个角落。狭窄的街巷两旁：青砖布瓦、褚红色木门木窗，老式的店铺以及闪烁着岁月光芒的古旧的石板街，给人一种扑面而来的古朴和典雅！

我选择了古城最有名的一家客栈——杜家客栈住下来，五一刚过，客栈人不是特别多，古院内天井连天井，庭园复庭园，显示人们渴望与自然同命运、祈求与天地共吐纳的美好企盼。稍稍休息一下，我便来到古城的街上随意地行走，此时天已渐渐黑了下来。古城家家门前挂有灯笼，在朦胧的夜色中显得有几分神秘，不过我不太喜欢这种人为营造出来的历史感！

我一向以为：就如同一个人要聆听另一个人的心声必须和她保持足够近的距离一样，如果我们要捕捉一个城市的秘密，必须要走进这个城市的夜色，在夜晚的宁静中能感受到这个城市的心跳，感受到时间的河流在静静地流淌，历史的波浪在这里归于平静，此时，历史仿佛在等待我们向它提问。当我漫步在这个夜色中的千年古镇的街头，我要问的不是回家的路，我要问的是这个千年古城的命运：它的传奇是纯自然的恩惠呢，还是历史的机缘巧合？行走在这千年的青石板路上，我一边聆听时间的细语，一边抬头巡视茫茫的夜空，我发现一轮满月低低地挂在天上，之所以说低低地是因为从古城小巷望去，出了古城低矮的民居外四周非常空旷，天空中没有一丝的云彩，有无数的星星在闪烁，我想千年前，那些圣人们也许凝视的是同一片天空！月亮仿佛只属于这座古城！月光洒满古城的街道，这朦胧如水的月光仿佛在告诉我时间是公正的，时间抚慰每一片土地，也消磨每个灵魂孤傲的欲望！

　　就在我将要离开阆中古城的前一天晚上，我换到一家叫武陵遗韵的客栈，客栈的院落及房间的陈设及床都是古旧的样式。也许是天意，半夜我正巧醒来，忽然听到一声嘹亮的鸡鸣，我在古城住了七天，这是第一次听到古城的鸡鸣。我专注地竖起耳朵听，只有一只鸡在鸣叫，在寂静的古城的深夜，这一声鸣叫显得特别悠远，这一声声鸣叫仿佛来自天上，也仿佛来自历史的深出。现在想起来，我还是非常感谢时间的馈赠，热爱自然的人得到了自然的特别照顾。不经意间的抬头，我看到了悬挂于古城上空的皓月和星斗，它带给我心灵的纯洁和明亮；半夜片刻的清醒，让我聆听到千年古城报晓的鸡鸣，它让我感受到世界的宁静，这就是这个关于天空和时间的城市长久地留在我心底的回忆！

**夕阳余晖里的风水宝地**

　　观看阆中古城的全貌有两个绝佳地点：如果要了解古城民居的全貌，必须登上城北的华光楼；如果要查看古城之所以被人们誉为风水宝地的缘由，你必须登上嘉陵江畔的锦屏山顶。

　　站在锦屏山顶，俯视阆中古城，我都有点嫉妒这座城市："三面湖光抱城廓，四面山势锁烟霞"，它太像一个聚宝盆了，完全是自然母亲的一个宠儿，一颗掌上明珠。四面环山，三面环水，北有蟠龙山相拥、南有锦屏山护卫，东有大象山蜿蜒、西有马象山衬景。依照风水学的理论，正是

形成了一幅"玄武垂头、朱雀翔舞、青龙蜿蜒、白虎驯服"的山、水、城融为一体的极佳的风水格局。因此国内外有专家认为阆中是国内保存最完好的一座风水古城。

我历来相信命运的独特力量：它让我们的人生有某种神奇的方向感。

我来阆中之前，有个四川的朋友给我绘声绘色地描述过古城神奇的地理位置和风水布局，但当我登临锦屏之巅俯视全城时，震慑我的并不是什么风水布局而是自然的神奇力量，山围四面、水绕三方，作为一个男人，我愿意把中国西部这片神奇土地阆中比喻为一个成熟的男子，美丽的嘉陵江这条养育了众多城市的神奇的河流就仿佛一个美少女，把她平生最温柔、最有力的一次拥抱给了阆中，让这个酷似一个磨盘的生灵空间，在岁月中悄悄地磨砺！

我们从锦屏山下来，已是旁晚，登上古城南端的华光楼，放眼望去，夕阳映照着神奇的嘉陵江水由西向东，绕城缓缓而去，一个美丽少女缠绵的爱情化为夕阳下的一段绚丽传奇！

我家现在就住在长江岸边，经常看见灿烂夕阳缓缓地滑过大武汉的上空：

> 日落汉阳城，
> 芳洲草又生。

武汉长江边的夕阳感觉要比嘉陵江的夕阳雄浑许多，嘉陵江的夕阳也许是因为有苍翠妩媚的锦屏山的衬托，显得静谧、安详、柔和许多！我带着小女儿来到夕阳下的西津古渡，站在古老的码头上，小女儿往美丽夕阳映衬下的嘉陵江中扔下的石头溅起的清凉水珠携带阆中古城静谧的召唤永远留在了我眼底！小女儿的快乐也一直延续至今，现在每当我带她来到长江边玩耍的时候，她最喜欢做的就是往长江扔一块小小的石头！

我深深地感念夕阳照耀下的那一滴滴普通但晶莹的水珠！

## 蟠龙山脉桑麻如海

《古今图书集成》记载：唐太宗贞观年间，一位观察天象的人向太宗报告说，西南千里之外有王气。太宗怕皇位不稳，急令火山令、天文学家袁天罡到西南测步王气。袁天罡由长安测步到阆中，果见灵山嵯峨，佳气葱郁，断定其脉在蟠龙山龙脖处。袁天罡在此处凿断石脉，水流如血，阆中人称"锯山垭"。

在古城期间，我专门坐车前往去寻找这龙脉的龙头所在地，等我来到它脚下的时候，我看到的是一片一望无际的桑树林。

我们中的许多人都会唱一首著名的民谣：《晚霞中的红蜻蜓》，这首民谣中有这样一段歌词：

> 提着竹篮走向山坡
>
> 桑树绿满荫
>
> 采满桑果走下山坡
>
> 仿佛是梦影

我小时候养过蚕，对桑树桑叶有特殊的感情，那时候多么向往一大片的桑树林啊，那样就有采不完的桑叶了。但当我第一次见到古城阆中这一片郁郁葱葱的桑树林，心中涌起的不是兴奋而是一丝惊异：这一片桑树林正好生长在那被称为龙脉的神秘山野。人说阆中古城田畴阡陌、桑麻如海，没想到我童年的一段纯真的期盼，过去了这么多年后在一个距我家乡如此遥远的地方而且是在一片闻名天下的风水宝地得以实现！

古代人所谓"风水"，指的是以人为中心的人居环境选择与设计，通过某种设计可趋吉避凶，获得大自然的恩赐。我不喜欢人们出于完全自私且功利的目的去探究自然的秘密，并期盼通过这种探究为满足自身的欲望服务。其实人本来就是自然的一部分，只因我们有太多自私的欲望才让我们离自然越来越远。

自然能给我们的东西非常简单，那些瞬间的感动：一抹夕阳，一片涟漪，一阵微风，能不能享有这大自然无私的馈赠就看你灵魂的敏感性了。

## 琅琅书声中功名之城

阆中贡院是古阆中科举文化兴盛的重要见证，阆中是古代科举制度的受益之城：从隋推行科举考试以来，共考中4名状元，116名进士，400多名举人。因此古阆中被誉为中国状元之乡，甚至还出过兄弟状元。

要进入阆中古城必须经过一个状元坊；城中有一条街的名字就叫状元街；在城外的大象山上，至今还有个"状元洞"在向后辈们默默地讲述"万般皆下品，唯有读书高"的千年古训。"状元洞"是当地有名的旅游景点，位于大象山左峰石岩下，是一天然石洞。石洞周围的地形酷似一把太师椅。洞口高约3米，长20余米，可容百人，飞泉给洞口挂上水晶珠帘，洞前瑞莲池倒映出曲桥亭榭。这里是阆中宋代陈氏三兄弟少时读书的地方，三兄弟中陈尧叟、陈尧左考上状元官至宰相，陈尧咨考上进士，文武兼备，官至节度使。

抵达阆中古城的第二天，我和妻子带着未满2岁的女儿来到状元洞，在洞内拣了一块石头，这块石头的形状正巧很像一个高中状元的书生的模样，我将这块石头取名叫"状元石"带回家，就在我写这篇文章的时候，这块"状元石"还静静地伫立在我的书架上。

我喜欢读书，但我不赞同单纯的为谋取功名，追逐财富，迎娶美女等功利的目的去读书："书中自有黄金屋，书中自有颜如玉"，这是让人脸红的功利表达。

我觉得读书应该成为每个人的日常生活方式，我们通过读书认识自我，参悟人生，了解世界，让我们的灵魂获得解放！在现代社会，读书更能够把我们塑造成一个现代公民，而不是仅仅为了一夜成名、一夜暴富！

## 苍山沃土之上的信仰之城

阆中古城的宗教文化源远流长。巴巴寺是西南地区最大的伊斯兰教堂，是伊斯兰教的圣地；这里还有西南地区最大的基督教堂；佛教传入阆中也非常早，阆中大佛凿成于唐元和四年，比乐山大佛早200余年，是四川十大佛像之一；阆中还是中国道教发源地之一，汉顺帝时，张道陵来四川修道，侨居阆中云台山传道、炼丹，并作道书24篇，创立道派。

20世纪90年代初，我迷茫地徘徊在人生的十字路口，那是一个4月的周末，我第一次走进位于武昌民主路的基督教堂，在那里我感受到了一种平静而强大的力量，对真理和幸福的坚定承诺不是在喧哗中传达到我们内心的，从那时起我就对信仰有执着地思考。这也是我为什么在阆中古城停留那么长时间的缘故，这些年我一直在思考，是什么原因让一个人对世俗生活产生了怀疑，又是什么力量让更多的人如此眷念现实世界！

千百年来，道教、佛教、伊斯兰教、天主教、基督教在阆中境内长期传播，多种宗教并存让古阆中赢得了多元文化之都的美誉。当年这些宗教在这里向众生散播他们对

世界和人生的理解，今天留给我们的不仅仅只是一些辉煌的建筑，更重要的是人们对信仰的坚定承诺和对他人和命运的无限宽容。

阆中是一个宽容之城（在古城逗留期间我甚至还了解到每个周六基督教都把他们的礼堂拿出来给安息日教会用），其实大多的宗教宣扬一种对人生的宽容，宽容让我们变得不那么极端，也不悲观，起初我们是因为内心的矛盾和生活的苦难才去寻求信仰的依托，最后是宽容和爱而不是别的成了拯救我们灵魂的神奇力量。

在5000多年的历史长河中，主流的汉文化虽然没有形成一套完整的宗教信仰体系，但中国人的灵魂和情感还是有一个明确归宿的：那就是自然与自由！寄情于山水是中华民族在灵魂深处开掘出来的一条抵御现实欲望，走向自由和谐的伟大的智慧之路。

**历史的怀抱：温暖的非物质诱惑**

每个人都是因为受诱惑行走在人生的道路上，只不过我们所受的诱惑各不相同，从而有了不同的人生风景，这就是我们常常讲的命运。

当你面对一个千年古城的时候，你的第一感受是什么？如果你感受到了历史的心跳：那到底是历史在其波浪的尽头对我们的心灵的潺潺地抚摸，还是时间对我们的深切召唤？时间召唤我们什么呢？让我们为历史的曲折鸣不平，还是邀我们和历史的情人一道随波逐流：

> 历史的魅力
> 不是因为它强大
> 而是因为它秘密
> 就仿佛逝去世界沉默的财富
> 给你诱惑
> 却不给你通向那里的路

　　这就是为什么当我面对千年古城阆中的每一处景点总是充满感伤情绪的原因，因为诱惑或感动我的都是一些"虚无"的所在，但它又非常伟大，我们的民族今天越来越对"虚无"的东西没有兴趣了，我想这会让那些几千年前日夜站在高高的锦屏山上仰望星空的人感到非常失望的。

　　当然感伤并不是心中没有感激，我们感激的也正是引发了这种感伤的悠悠岁月。无论是头顶的天空，还是我们心中的道德法则；无论是寂静夜色里温柔的月光，夕阳映照下的层层波浪，还是桑树掩映下的神奇风水；这些带给我们的是非物质的奇遇！其实，生命中最值得珍藏的还是我们心灵深处的那些感动和感受：是爱，是你勇敢承担命运的责任后的骄傲以及当你全身心融入自然后自然传递给你的自由并由此而引发出的我们对生活和命运的感恩。

世界背包旅行者的圣经Lonely Planet（中文译为《孤独星球》）的作者在谈到他的旅行哲学时说："怀着谦卑的心态接近每一个新的地方。"起初我是怀着兴奋和好奇的心情走进千年古城阆中的，但当我将要离开的时候谦卑的心态油然而生，而这种谦卑一直伴随我对那一次古城之行的每一次回忆。

# 黄梅行

## 武黄高速数鸟巢

外孙女果果一个多月前降生在黄梅镇。上周五（2012年12月7日），我们一家前往黄梅接小外孙女和她爸爸、妈妈，一起回天门爷爷、奶奶家。

武黄（武汉到黄石）高速是通往黄梅的必经之道。这条路是湖北最早的高速路，以往我走过多次，这几年走得少。在我的印象中，这条高速路一是窄，二是烂，道路总在修。几年之后再走这条道，窄自然是不易改变，但一路却未见维修告示。虽然没见维修施工，但车流量明显超过以往，来往的多是大型货运车，运轿车的、运易燃易爆物品的、运竹材的，接踵而至，导致沿途车速缓慢，这条高速的最高限速是80公里。第二天我们返回时，还发生过高速路拥堵事件。

我开车，朵朵和她妈妈开展发现鸟巢比赛，朵朵发现一个便高声喊叫，由于一路鸟巢数量密集，以至朵朵后来没有力气再喊叫了。短短几十公里的武黄高

速，远远近近、高高低低、大大小小，朵朵一个人共发现230多个鸟巢，这比汉宜高速武汉至仙桃段要密集得多。

不知不觉已是黄昏，我们抵达黄石长江大桥。过黄石长江大桥，就驶上了黄石至黄梅的黄黄高速。

### 夜行黄黄高速

这是我第三次走黄黄高速，以往两次都是中午时分经过，这一次，踏上黄黄高速，夜幕缓缓降临。和武黄高速相比，黄黄高速车流量小许多，基本没有货运车辆，车道也很宽敞平坦。"过浠水入蕲春，夜色笼罩山岚、村庄和原野"（这是我沿途写的微博）。在朦胧的夜色下，远山隐约，近前的村舍静谧安详，零零星星的灯火在大地上闪烁。"乡村已躺在时间的怀抱。此刻，时间还守候着奔波在路上的人们。"我喜欢并向往这田园宁静。当时，我又写了另外一条微博："安静、自然、没有进步的时光，是生命的厚礼。"

夜色渐浓，除闪耀在我们前面的车灯外，我抬头望去，一颗明亮的

星星一直在前方闪烁，一会偏左，一会偏右，一会在正前方，"无边的夜空，只见一颗星，它一直在我们行进的前方闪烁"。这颗星星一直引领我们进入黄梅县城。

**朵朵见到果果**

我们一家三口来黄梅，除具体事务外，每个人的心愿都各有不同，我想借道去四祖寺或五祖寺参观并体验小镇生活与文化；朵朵的心愿主要是见见刚来到这个世界上的小毛毛。

一进屋，朵朵就打听小毛毛在哪里。见到小毛毛后，就要抱，摸摸小毛毛的小手，看看小毛毛玩具般的小脚。朵朵抱了一会，觉得累，便坐在沙发上，继续抱着。我看得出朵朵抱小毛毛的动作很谨慎，谨慎得几乎到了僵硬的地步，她是担心不小心把小毛毛吵醒了或是掉地上了。

外甥和外甥媳妇给他们的女儿小毛毛取名语熙，小名果果。后来在返程的路上，他们解释了取"语熙"这个学名的缘由，一方面可能受金庸小说《天龙八部》里"王语嫣"一名启发，同时，觉得孩子的父亲言语太少，要给孩子取个热闹些的名字。

给孩子取名，在中国传统社会，是有一套完整规制的，辈分、八字以及长辈对孩子及家族的寄托等，都影响孩子的取名。旧时孩子的取名，多由村里有文化的私塾先生等人帮忙参考，一般充满浓郁的书卷气以及明显的儒家文化伦理等。但1949年后，与传统文化的隔绝，导致孩子取名的文化资源缺乏纵深，只是与时代气息及意识形态肤浅挂钩。新中国建立后成长起来的一代人，无论他们的名字还是他们为人父母后，给孩子取的名字，都带有明显的上述痕迹。

**夜访高塔寺塔**

外甥媳妇父母亲自下厨，给我们接风洗尘。土鸡炖黄花、黑木耳炒土鸡蛋、黑木耳炒虾球、清炒莴苣片、粉蒸肉、锅巴饭。餐后，我和朵朵在朵朵表哥带领下，夜访黄梅镇。我们沿着人民大道漫步，经过华润苏果，见一家品牌服装店门前有关"保卫钓鱼岛"的横幅，还高高挂在门前。我们路过一家书店，到外地，见到书店我都要走进去转转的，这家书店，在门口醒目位置，摆放着一幅毛主席画像，书店里堆满各种书籍，尤其以各种教辅类书籍、试卷居多。我问店主人，黄梅有没有旧书店，店主想了想，告诉我们一个地点，说那里可能有一家。我想明天一大早就去看看。

从书店出来不远，我们就到了古塔，古塔在城市中央，周围都是各种商业店铺，这一带是城乡结接合部，商铺多关门休息。这是一个十三层的八角塔，朦胧的灯光下显得悠远古朴。古塔上刻有字，有些繁体字一时认

不出，有些字已模糊，塔上有维修纪念文字：这是一座建于宋代的塔，几经毁坏，于1985年复建。这里白天有人看管，塔周围的台阶上摆有香案，市民和游客可以在这里上香。我在这里用手机拍了一组图片。本想第二天白天再来仔细端详，但因时间太紧，没能一睹黎明到来后的古塔风采。

## 路过黄梅民居

离开高塔寺塔，我们沿着小巷往回走，外甥媳妇她们家所在地方，是一片黄梅本土居民自建房居住区，这批房屋多见于20世纪80年代中后期。借助微暗的路灯， 我们在小巷穿行，虽然已是年底，但各家各户门口的对联多依稀可辨，朵朵一路走一路念，因为有些繁体字不认识，能记住的完整对联也就有限。虽然如此，但我还是明显感到，当地居民对对联的重视，一来因为多用繁体字，二是内容都比较讲究，有针对性，并非千篇一律，我们还见到好几个特殊家庭门口的对联，是单位赠送的，内容都是原创的。后来在回天门的路上，我从外甥媳妇那里得知，黄梅也是楹联之乡。她的父亲就写有一手好字，早前还自己制作模板，写对联卖，她的爷爷书法也写得很好。她还告诉我们，她们结婚时，贴在家门口的对联，还是他爸爸亲自创作并书写的。所以，当朵朵走进她们家时，在他们家里很容易就找到笔墨纸砚，还拿起毛笔，学写小毛毛的名字"语熙"二字。

一路，我们还见过几栋带有明显传统风格的民居，夜色中看得不是很清楚，但这些民居的挑檐、门廊风格与我所在的江汉平原的民居多有不同，这些民居的高度比较有限，砖木结构，窗花比较讲究。也是第二天时间紧，没仔细端详，不过，我想这里距离安徽不远，传统建筑应该带有明显徽派建筑的风格。

### 夜宿黄梅

我曾经说过，能否说你真到过一个地方，要看你是否在那里住过一晚。我们从高塔寺塔穿过弯弯曲曲的小巷，回到外甥媳妇家时，已经十点多，简单洗漱，便躺下休息，这里很安静，偶尔传来人们的脚步声以及犬吠。半夜，我起来，因为卫生间和卧室不在一栋房子里，我推门出去，抬头看，一轮弯月照在小巷深处，月光明亮，清澈的夜空，星光闪烁，这让我想起，我们驱车前往黄梅路上，那颗指引我们一路的明亮星辰，此刻已经运转到了西边天际了。

我常常有这样的经验，无意间，在外地，夜半见皓月当空，繁星满天。我曾经对朵朵说过，你热爱什么，什么就会与你相伴。热爱自然的人，自然会馈赠于你的就是奇遇。

### 逛农贸市场

第二天早晨快8点，我们起床，朵朵也很积极地起了早床。我们一起到街上吃早点。吃早点、逛农贸市场，还有昨天那家书店老板说的旧书店，是今天上午的任务。

外甥说这里的早点没什么特色。我们在人民大道找到一家早点门面。我要了一碗红薯粉，朵朵要了一碗豆浆和银耳红枣汤，外甥要了一份炒面。红薯粉和炒面都是4元一份，味道平淡，但炒面用的面，和其他地方还是有所不同，手工面，比武汉的宽粉要窄，也要薄，但因为炒时用油太多，感觉油腻。

早餐点附近就是一家农贸市场。我每到一个地方，一定要去逛逛农贸市场，生物及饮食、民俗文化的多样性，在这里可以略见一二。

黄梅镇农贸市场卖得多的有鱼面，还有来自附近武穴的油面。各种摊

位见得较多的还有糯米饼，尤其暗红色的糯高粱饼，在外地见到的不多，在豆制品摊点，见到的豆渣粑与我老家的豆渣粑很不相同，我老家的豆渣粑，较薄，圆形。这里的豆渣呈立方体状。其他品种也与外地无异。外甥媳妇介绍的本地特产芋头丸子在这儿没有见到。

进入冬季，每个农贸市场，鱼都是主角，我在这家农贸市场见到的鱼多是鲢鱼，我们老家称之为家鱼。这里出售的鲢鱼看上去有几斤重，都是分段分块买卖。我问外甥媳妇，黄梅附近是否有江湖，她说，在离古塔不远处有条小河，以前这里的居民经常到河里洗衣服，但现在是越来越窄了，想必这里出售的鱼也是从外地渔场运来的。

我老家住在汉江边，每天早上都有渔民在农贸市场卖他们从汉江网起的鱼。这一次我送他们回天门，我在老家的农贸市场见到了刁子鱼，16元一斤，我买了几条鳊鱼和鲫鱼，味道果然不同养殖的。

### 抽签三圣寺

从外甥媳妇她们家出来，对面就是三圣寺，昨晚在朦胧的路灯下见过。这个寺庙就在农贸市场旁边，附近有理发店、维修店、五金店等。寺庙是一幢四层楼，醒目的赭黄色建筑镶嵌在凌乱的街头，一拱形门廊；两

侧均醒目书写着同样的"南无阿弥陀佛"六个大字。我和朵朵走进去，寺庙内没有香客，也没见到僧尼守护。内建有大雄宝殿，大雄宝殿外有个香炉，院子里散乱摆放着一些盆栽花木。朵朵走进大雄宝殿，拜菩萨。以前，朵朵很不愿意走进佛教寺院，现在她见到菩萨就拜。大雄宝殿右侧一柜子上，挂满黄色的纸片，纸片上皆是签文。朵朵发现大雄宝殿前的功德箱旁，有一个签筒，我让朵朵摇摇签筒，她摇晃一会，抽出一签，上签，助油两斤。大意是人生之际在于勤，百事营谋尽可成；翌日腰缠十万贯，皇天不负苦命人。我也顺手取下一签：安居乐业事堪夸，一仍牟利利倍加，五福三多咸有庆，四季平安乐无涯。

从大雄宝殿出来，听见厢房有人说话，我走近，见到一老妈妈正在和一个尼姑说话。老妈妈起身离去，尼姑走出来，我问她这个寺庙的历史，她告诉我，这座庙是20世纪90年代建的，目前有三个出家人在这里住持。我问她是什么时候出家的，她说，那早了哦。我问，三圣寺的签文是哪里来的，她笑了笑没有答话。她问我们从哪里来，我说，我们从武汉来，但我外甥媳妇家就住这附近，她问她们家姓什么。听上去她与这里的居民都很熟悉。我对这座寺庙建在闹市区很好奇，她说，我们黄梅是一个佛教之乡，在县城内，还有四五家寺庙，县城外的就更多了。

黄梅的佛教确实历史悠久，从东晋开始，佛家就传入黄梅，在唐宋最为鼎盛，曾经有"十里三座庙，无路不逢僧"的境况。

## 走进黄梅实验小学

从三圣寺出来，我们沿着人民大道往旧书店方向走。走20米就到了黄梅实验小学。昨天晚上，我们出来散步时，就见到过立于大街边的黄梅实验小学逸夫楼。我对朵朵说，香港实业家邵逸夫先生，在全国各大学、中学、小学都捐赠有教学楼、图书馆等，你们学校也有一栋。朵朵说，他们这里的这栋肯定是盗版的。

今天是星期六，学校放假，我们走进校园，校园明亮、干净、安静。有几个还没上学的幼儿在爷爷奶奶带领下，来校园晒太阳。学校的入口处，挂满了各种奖状和奖牌。

朵朵和他表哥在校园操场上比赛跑步一圈，我用相机录制下来。在录制过程中，发现校园围墙内侧有一组主题叫"黄梅文化"的绘画。我带朵朵走进观察，黄梅文化有五大内容：刺绣、诗歌、武术、佛教、戏剧。其中戏剧，大家都知道，说的是黄梅戏，黄梅是黄梅戏的发源之地；佛教前面已经提到了，这里是历史悠久的佛家圣地；至于诗歌，画面显示的是李白飘逸身姿，题写的诗是《题峰顶寺》：


夜宿峰顶寺
举手扪星辰。
不敢高声语，
恐惊天上人。

李白在湖北安陆生活十年，想必也会常游历于此，更何况这里庙宇云集。

武术方面画的岳震、岳庭习武的故事，黄梅是岳家拳的发扬光大之地。黄梅挑花作为民间刺绣艺术的一朵奇葩，始于唐兴于宋，源远流长。也让我理解了刚进黄梅时，街头为何云集大大小小的十字绣店。小外孙女出生时，她妈妈给她手工编织了许多布艺玩具，小手套、小袜子等。

**黄梅旧书店**

每到一处，我都要去逛逛那里的旧书店。在外甥带领下，没走多远，我们便找到了黄梅县城唯一的一家旧书店，书店所在路段，路口有好几个缝纫机及修锁的摊位。旧书店有两间门面，书画集以及佛教方面的二手书比较多，我想买黄梅县志以及四祖寺、五祖寺的诗词楹联集，但都没遇见。只翻出一本四祖寺简介，五祖寺的简介老板也没找出来。

我问老板有没有毛主席像章出售，他取出几个小且没个性的给我看，被我推掉。他又从另外一处找出一塑料袋，内装几十枚毛主席像章，供我挑选，我挑选了14个，一番讨价还价，成交后，老板将那本四祖寺的小册子送给了我。

我问老板，店里是否有过往的日记本，他说他家里有。我说，那就只能等下一次了。

从旧书店出来，已是十一点多；我们快马加鞭，赶回驻地，准备去五祖寺，这可是这一趟黄梅之行的主要目标之一呀。

**通往五祖寺**

11点30左右，我们一家三口驱车前往五祖寺。从黄梅县城到五祖寺大约20公里，道路也算平坦，道路两旁都是浓密的樟树，这些樟树应该有几十年了。一路经过许多村庄，后来在四祖寺这本小册子上，才知道我们途经的每一个村庄，几乎都与佛教有渊源。我们在一个写有"多云村"三个字的路牌下停下来，拍摄下这张路牌以及通往乡村的小道。众多路牌之所以尤其关注"多云村"，一来是因为这名称很有诗意；

二来是因为女儿名叫"芸朵"。后来在《四祖寺》这本书上了解到，此处有多云山，山上曾有寺庙：广福寺。据史书记载，梁武帝时，印度高僧提流支来黄梅广福山董家城创建"菩提寺"，后卓锡于多云山广福寺。

　　大约20分钟后，我们就到了五祖镇。五祖寺建于东山，在东山脚下，当地政府新建了许多房舍，白色外墙，一眼看去很刺眼，这些房舍大多正在装修，准备投入营运。穿过这新建筑，见到一个"天下禅阁"四个大字的大牌坊，穿过牌坊，沿着弯弯曲曲的山道往上走，途中遇见一位看护山林的老人，他拿着一个锣，走几步敲几下，响亮的锣声回荡在山谷间，这是提醒人们要注意防止森林火灾。

**五祖寺**

　　和其他旅游景区一样，我们将车停在规划好的停车场，10元停车费。一下车，就有一群人过来给我们推销香烛，一个接一个，见我们皆推辞，有一位大嫂抢步过来，往朵朵手上塞一张卡片，说是保佑平安，我说谢谢。那位大嫂说，这是要钱的，10元钱。

　　我们眼前便是五祖寺的大牌坊：上承达摩一脉；下传能秀两家。大牌坊的台阶上，有三个残疾人乞讨，一长者拉二胡，另外两个残疾的年轻人，身体做出各种怪异的动作，他们身边有一个收音机传出黄梅调。

我们拾级而上。门口两个僧人在售门票，10元一张，小孩免费。

取票后进寺院，大雄宝殿前热闹非凡。首先映入我眼帘的是大雄宝殿前竖起易拉宝广告牌：2013年蛇年贵金属珍品品鉴。大雄宝殿门额上还悬挂有一条横幅，上书：中国银行黄冈分行首届"五祖寺新年祈福禅说会"鳍大师级手工贵金属珍品品鉴会。走进大雄宝殿，看到熙熙攘攘的人群，每个礼佛垫上放有该活动的广告传单。人们聚集在大雄宝殿，热烈交谈。

在大雄宝殿的一侧，有免费的佛学资料领取，朵朵和她妈妈选了一些，我又过去挑选一批，有光盘、有书籍、有画册、有卡片。我正挑选，朵朵妈妈过来说：快来，和大和尚照相，我刚才和他照了，我们一家人再和他一起照一个。等我带朵朵走过来，大和尚已经离开原地，朝前方不远处的一辆新卡宴车走过去，一场新车开光仪式就此开始。

开光仪式就在大雄宝殿前的道边举行，仪式大约进行了15分钟，寺庙方面参加开光仪式的大约10位僧人，由于对相关佛教仪式我了解甚少，无法用文字在此细述，不过当时我用相机全程录制下来了。

我们在五祖寺内漫无目的地转悠，寺内有专门介绍六祖慧能生平的石刻，我给朵朵读了慧能从出生到成为六祖的故事，给她讲了五祖寺之所以闻名天下，皆因五祖弘忍后有两个著名的佛教传人：南能北秀。南能就是指慧能，他继承五祖衣钵，成为六祖，而他之所以有资格继承五祖衣钵，皆因为他的悟性，他的悟性又集中体现在他的一条偈语：菩提本无树，明镜亦非台。本来无一物，何处惹尘埃。而他的这一条偈语又是针对原本可能成为五祖衣钵继承人的神秀的另外一条偈语所发：身为菩提树，心似明镜台，时时勤拂拭，不使惹尘埃。神秀未得衣钵，后去当阳玉泉寺弘法，反响中国，后为武则天器重。前年我和朵朵在玉泉寺禅修几日，未得深入了解这段历史。朵朵对这些似懂非懂。不过，我个人还是比较欣赏神秀放下时所秉持的执着和认真。这些以后有机会再专文论及。

五祖寺内有许多楹联、石刻。给我的印象是，前任住持昌明及现任住持见忍（上见下忍）所题在寺内各处可见。在寺庙内的书籍销售处，还见到见忍和尚的微博语录。走在五祖寺内，我心里一直在思考，神秀留下的是一种内在的精神方向，即一心向佛；慧能留下的该是对身外之物的达观。过于执着于眼前，会错过见性。

五祖寺内有一棵古青檀，黄叶落尽，枝干裸露与天地之间，既执着又坦诚，我辗转凝望这棵古檀，感觉不虚此五祖寺之行。

### 五祖寺的乞丐

从五祖寺出来，我们来到停车场休整，五祖寺牌坊处的台阶上，三个乞丐依然在那里乞讨，依然是那位长者拉二胡，另外两个残疾年轻人，机械地做着各种怪异的动作。我给了朵朵三元零钱，让

她给每个人碗里放一元钱。因为两个残疾人的动作有些怪异，朵朵有点害怕，不敢靠近，放入一个就退几步，再接着慢慢靠近，放入另外一个，放完，赶快跑到我身边。

佛说普渡众生。但我觉得，人间的苦难，是渡不完的。虽刚参观了五祖寺，我还是对菩萨普渡人间之苦难，将信将疑。苦难虽渡不完，但我相信，爱是能给受难者带来些许温暖和安慰的，施者也因此获得洗礼。

### 许愿飞虹桥

虹桥始建于元代。横跨于两山涧谷之上，单孔发券，长33.65米,高8.45米,雄伟壮观,状如飞虹。两端砌有牌坊式门楼，桥下流泉飞溅，瀑布飞崖挂壁， 是古时通往五祖寺山门的必经之道，现仅为一个旅游景点。

从五祖寺内出来，飞虹桥就在近前山坳里。一拱跨过深堑。桥两端券门门额上各有一匾额，靠近一五祖寺山门一端，书有"莫错过"三字，另一端书有"放下着"三字。均出自清蕲州书生王万彭之手。在题有"莫错过"三字一端，有一个石塔，人称之为万应塔。有经营者过来给我们解释，说往塔孔里扔硬货币，扔进了，便有求必应。我们没有硬币，业务员给我们换了5个一元的，朵朵扔了两个，没扔进去，朵朵妈妈第二次扔中了。我大力一扔，飞出去老远。这时，营业员走过来，要朵朵妈妈烧香。因为她扔中了，要还愿。营业员先说一组香10元，点燃后，要18元。

我在"莫错过"匾额下的门廊两侧，看到了欧阳修的题诗，这也是我这次到五祖寺来主要要看的内容之一。欧阳修的题诗全文是：

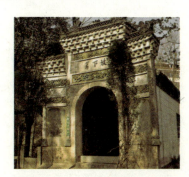

> 日暖东山去，松门数里斜。
> 山林隐者趣，钟鼓梵王家。
> 地僻迟春节，风情变物华。
> 云光渐容与，鸟弄已交加。
> 冰下泉初动，烟中茗未芽。
> 自怜多病客，来探欲开花。

另外一侧还有一首题诗，为唐代宰相裴度游历五祖寺时所题《真慧寺》（真慧禅寺为唐宣宗所赐）。

> 遍寻真迹蹑莓苔，世事全抛不忍回。
> 上界不知何处去？西天移向此间来。
> 岩前芍药师亲种，岭上青松佛手栽。
> 更有一般人不见，白莲花向半天开。

穿过飞虹桥，另外一端写有"放下着"。匾额的两侧也有题诗，其中一首为唐代张祜所作《东山寺》：

> 寒色苍苍老柏风，石苔清滑露光融。
> 半夜四山钟磬静，水晶宫殿月玲珑。

另外一侧的题诗，为灰尘所掩，完全看不清。当时也无人可询，心想只有留待日后缘分。好在我当时拍有照片，回来网上查询，知道这首是（宋）苏轼所题《登岭势巍巍》：

> 登岭势巍巍，莲峰太华齐。
> 凭栏红日早，回首白云低。
> 松柏月中老，猿猱物外啼。
> 禅师吟绝后，千古指人迷。

我们在这些题诗前徘徊良久，这一景点的经营者说，穿过前面的拱门，往下便是东山古道。

## 东山古道

离开飞虹桥，我们三人沿着东山古道往下走，此时已是下午2点多，偏西的太阳穿过风中摇曳的竹林，斑驳地洒满古道，古道由青石板铺陈。每块条石宽约20厘米，长约1米2，并非一级一级铺陈，而是顺山势而铺。古道沿途，靠近飞虹桥一带，翠竹茂盛；渐渐往下是梧桐或松柏居多，古道中途及两侧散见古塔。多是五祖寺僧人的陵墓。

朵朵妈妈走到半截，回转上山，她去开车到山下等我们。我和朵朵继续往下走。古道的青石板很滑，就如同前面唐代诗人张祜所言：石苔清滑露光融。不过，今天的滑并非青苔所致，而是这些青石，千百年来，历尽朝拜者虔诚步伐的磨砺，而变得光滑如洗。如今这虔信之途，又多了我和女儿的踏实脚步。

朵朵一会下蹲滑行，一会挂着树枝行走，好几次我们差点摔倒在地。

多亏了道上的枯草与黄叶。走在这条古道上，我一路对朵朵说，这条古道才是真正活着的历史。爸爸之所以喜欢石头，是因为每一快石头，都有亿万年的历史，它们见证天地气象，守护宇宙密码，不为风云所动。当你触摸这些石头，你便和亿万年的时空冷暖通融。

在下山途中，我们遇到一些经由古道上五祖寺的本地人。其中一位在财政系统工作的中年男子告诉我们，这条古道有一千多年的历史，许多大文豪走过此道，还有一些政治家也走过这条古道，他说胡耀邦就走过此道。我问起沿途的塔，他说，他虽然谈不上对佛法有深入研究，但感觉自己还有些佛缘，他说，这些沿途的塔林，如果是七级的，就应该是方丈住持级别的。一般僧人便是三、五级。

我和朵朵继续往下走，还见到一组残缺的门廊，也许就是所谓一天门。

大约40分钟，我和朵朵到达东山脚下，山脚新修了一座高大的牌坊，上书：东山古道。

从黄梅回来后，我想了几日，要为这次五祖寺之行题写两首古诗。能触动我的除那参天青檀外，就是这千年东山古道了：

《东山古道》

东山本无路
天门亦非门
青史放下着
菩提莫错过

经历"错过"与"放下"的循环，亲历并放下心灵与生活之青石、青史，莫错过生命的空明与自由。这一趟五祖寺之游，我们是先拜五祖，再从"莫错过"门廊下穿过飞虹桥，又从"放下着"门廊下走出，踏上东山古道，回到尘埃世界的。生活本是尘埃，也就无所谓惹尘埃了。

**弹棉花**

朵朵妈妈从五祖寺门口开车返回到五祖镇那块"天下禅阁"大牌坊下等我们，我和朵朵从东山古道下来，距离那牌坊还有些距离，朵朵拖着疲惫的步伐坚持跟在我后面，一步一步前行。我们起初还走错了方向，后在一位当地阿姨的指引下，终于来到了新修的五祖镇。从镇上传来弹棉花的声音，这是我非常熟悉的声音。

等我们找到弹棉花的房子，师傅已经取下了弹花弓，准备收工。我给师傅提要求，能不能弹

给孩子看看，听听。师傅答应了，专门为我们弹了几分钟，师傅认认真真弹，朵朵聚精会神看，我把现场全部录制下来。看我拿着相机拍摄，师傅还开玩笑地说：给我拍照要给我一张照片的哟。

**返程**

　　本想在黄梅再停留一个晚上，还想去四祖寺看看，但因为第二天朵朵有课，因此决定当晚赶回武汉。我和朵朵从东山古道下来，和朵朵妈妈汇合，已近下午4点。从五祖镇驱车返回黄梅镇，在华润苏果的不二家快餐店用完餐，5点离开黄梅县城，返回武汉，就在我们离开黄梅县城之际，一轮偌大的夕阳挂在西边天际，我们迎着夕阳，踏上返程之路。

# 荆州行

　　2012年7月1日，汉宜高铁开通后，武汉至荆州全程不到2小时。一直想再去荆州看看，一方面，大姐和大姐夫在荆州，已经有几年没去看他们了；另一方面，以往虽然去过几次荆州，但对荆州这座有悠久历史的古城，了解得还非常有限。时逢2013年元旦小长假，买好12月31日下午4时20分的前往荆州的车票，计划在那里好好待几天：家人团聚，游览古城。

　　记录在这里的是此次荆州之行的所见所闻。

**2012年12月31日**
摁进过江地铁
候车汉口火车站
汉宜高铁：遇天象奇观
荆州公交车上的情歌
2012年最后一天，放孔明灯

**2013年1月1日**
荆州古城西门外的豆丝作坊
繁荣街的优秀历史建筑
繁荣街的困难户
荆州实验中学：三桥不流水
荆州古玩城
古城买酒三义街
我的第一次网吧经历

**2013年1月2日**
宾欣街的基督教堂
宾欣街的古井河蚌酒家
宾欣街的书香门第
荆州麻辣烫 沙市早堂面

关帝庙
关帝庙前江南style
荆州古城南门外的圣母圣心教堂
玄妙观

**2013年1月3日**
章华寺：天下第一古梅
荆沙18观之青龙观
荆江大堤内的英国建筑
长江边的天主教堂
登万寿塔

**2013年1月4日**
张居正街的钟鼓楼市场
"引江济汉"工程现场
红尘行乞者

2012年12月31日

## 摁进过江地铁

2012年12月31日下午2时50分，我从家出发，几分钟就到了武汉地铁2号线积玉桥站。通向汉口火车站方向的地铁，要从江底穿过，自12月28日武汉开通地铁后，这还是我第一次坐地铁过江。不一会儿，列车来了，只见车厢内黑压压地挤满了乘客，车门打开后，靠近车门的乘客几乎要被挤出来，根本无法再上乘客，我只好决定等下一趟。几分钟过后，又一趟车开过来，看上去比前一趟人还多。站在我前面的几个人，在地铁志愿者的帮助下，艰难地挤进车厢，包括我在内的更多乘客，只好再等下一趟。

等下一趟的乘客越来越多，人们的心情就不像起初那么从容了，有的人就开始抢占更优势的位置，以便能在下一趟车开过来后，自己能抢先挤进去。这时，参与地铁服务的志愿者先是吹哨子，提醒人们不要越线站位，发现根本没人理会他的哨音，便直接拿起话筒高声呼喊：师傅！师傅！靠后站一点，师傅！师傅！站到后面一点。在他的呼喊声中，车来了。眼看时间一分一秒过去，我担心误了去往荆州的动车，便和前面的人一起往车厢里挤，也许是看我比较守规矩，志愿者过来，将我往车里摁，因为背一个旅行包，挎一个摄影包，加上穿的衣服比较厚，虽然有志愿者在我背后摁，但摄影包还是没进车厢。这时，听到车内有几个朋友对志愿者说：使劲zou（塞的意思）！使劲往里zou！也许得到这动员般口令的鼓舞，志愿者终于在车子启动的一刹那，将我zou进车内。

## 候车汉口火车站

我被摁进车的积玉桥站，是地铁二号线通往金银潭方向武昌的最后一站。过江后便是江汉路站，车停江汉路站，乘客下了不少，我便可以活动活动身子了。循礼门站是地铁2号线与1号线的换乘站，又下了一波乘客，这时车厢就显得比较宽敞了，我还找到一个位子坐下来。

大约半小时，到了地铁汉口火车站，出地铁站后，和维枫一起进汉口火车站候车厅。我有过多次从汉口站出站和接站的经验，但进站候车，好像还是第一次。新建的汉口站候车大厅，毫无疑问配得上大厅二字，但见到眼前灰黑一片的人群，感觉再大的站，也都称不上大。从候车大厅的入口，向前望去，要不是墙体上中国电信的巨幅宣传广告，黑压压的一片，几乎是望不到尽头的。

自从前年，我开始创作实验影像《环绕》，每到一处有空间代表性的地方，我都会用摄影机或手机，环绕纪录现场风貌，这一次也不例外，就在我环绕汉口火车站候车大厅的时候，一个缠绕了我多年的疑问，找到了答案。

以前看电视新闻时，我总纳闷，欧美大城市，无论购物中心、娱乐广场、车站码头等也常常有人头攒动的画面，但总觉得色彩丰满，充满活力，而国内同样的场所，总是黑乎乎的一片。我曾经在火车站出口，仔细打量人们的行头，感觉中国人的穿着多偏深，不是黑就是灰，但这几年人们的着装色彩丰富多了，但还是一片黑压压。

站在汉口站候车大厅，我恍然大悟，黑头发是关键，难怪前些年，染金发之风，弥漫大江南北。

## 汉宜高铁：遇天象奇观

提前五分钟检票，16时20分准点发车。我们买的是二等座，武汉至荆州，票价60元。车内环境温暖舒适、整洁宽敞。摆放好行李，脱去棉袄，我坐在靠窗的位置。和每次乘火车外出旅行一样，我都会留意观看窗外的景象。2010年4月18日，我曾在微博中写道：要了解一个国家或地区的文化，一定要在行进的列车上看看窗外的建筑和风光。我边看边用相机记录，列车大约行驶不到十分钟，我看见西边天际有一片五彩的光区，看上去是一段彩虹，慢慢的这片七彩光区，变幻成一个七彩括弧环抱一轮圆日，我马上意识到这是一次幻日现象，也就是所谓二日凌空。小时候，听大人说，这是朝廷有变的征兆，现代科学称之为"幻日"。这些年，经常有媒体用引人入胜的标题，报导各地出现的这类天象，但这还是我第一次见到。

我拍了一组照片，赶紧换成录像模式，用视频记录下这次自然奇遇，以便回家后给朵朵分享。2009年日全食，我带朵朵在汉口江滩观看，我的相机拍摄下那只惟妙惟肖的天狗；2012年在鄱阳湖，我的视频也成功记录到江豚跃起的画面；这一次又记录到幻日现象，感觉我说的话确实是有道理的：热爱者会得报偿。

我用视频记录的过程中。七彩括弧内的圆日越来越明显，就在这时，列车转了一个小弯，幻日被挡住，等了近10分钟。当西边天际再度出现在窗外时，只见到光芒渐渐暗淡的太阳，幻日消失得无影无踪。

当动车跨过汉水，进入我的家乡天门境内时，太阳开始缓缓西下。武汉往返宜昌的动车，应是我家乡第一次经由列车与外界相连。动车高速行驶在辽阔的江汉平原。我看见红彤饱满的夕阳，投入大地尽头，余晖朦胧，平原更显辽阔无边。

### 荆州公交车上的情歌

行驶1小时40分，列车于晚六时准点到达荆州站。出站后，我们在站前广场乘25路公交车前往终点站农学院。我在车的最后一排找到一个座位坐下。车内的广播系统礼貌地提醒大家：给老弱病残孕以及怀抱婴儿的乘客让座——以后的几天，我们反反复复听到不同的公交车都在播放这一提醒——车子启动后，广播播放流行歌曲，一路播放的都是男女声二重唱。这些歌曲的旋律和节奏，我总感觉似曾相识，但又说不清楚，也许是那类适合身为老板的老男人们在卡拉OK厅和公司的女员工或陪唱小姐对唱的歌曲。我用手机录下来，回家在网上一查：其中一首歌曲名为《舌尖上的爱情》，这首歌歌词感觉比较俗。另外一首歌是由冷漠和司徒兰芳演唱的《红尘永相伴》，一首缠绵悱恻的情歌：

月儿弯弯照小楼

小楼传来歌声悠悠

月光下我和你手牵手

爱的私语说不休

缘分让我与你邂逅

情定今生为爱守候

这一生有你抚平我的愁

这一世我来分担你的忧

啊 爱到天长地久

啊 天荒地老到白头

春去秋来 与你长相守

甘苦与共真情永留

啊 爱到天长地久

啊 情深意长永携手

红尘相依像那彩云伴海鸥

相知相守到天长地久

在这些情歌的伴奏下，大约1小时，我们到达荆州西门外的农学院站。大姐和大姐夫在这里的太湖农场租地种菜有好多年了。

这是我第一次坐荆州的公交车（以前几次都是自驾车来的），车内环境整洁，扶手环上全是"颈肩腰腿痛"医疗机构的广告。票价1元，2元，还有专门的学生卡。在后来的几天中，坐过荆州的三轮（武汉人说的麻木），价格要乘客和车主谈，3～5元不等，我们坐过一次8元的，是一个老大妈驾驶，老大妈显然来自外地，对路况还不是很熟悉。荆州的出租车起步价3元，如何跳表有些复杂没记住，但出租车司机们的友善和帅气，给我留下很好的印象。

### 2012年最后一天，放孔明灯

到大姐家后，一家人吃晚餐。大姐给我们炖了鸡汤，小外甥飞飞自己掌勺，红烧鳊鱼。我又品尝到了久违的豆瓣酱香。

我们边吃边聊，一直到晚上9点半。饭后，我和维枫、飞飞到街上转转。我们来到长江大学校园，维枫毕业于这所荆州唯一的一本科院校。校园很安静，没有我们想象的辞旧迎新的热闹场面。但在学校的大操场，还是有三三两两的同学聚在一起，放烟花，多是女生，看到烟花燃放，这些大学生们像孩童般雀跃。

在操场中央，有同学在放孔明灯，我提议我们也买个孔明灯来放。在学校的小卖部，4元钱，买了一个红色的孔明灯，我们也来到操场中央，在点燃孔明灯前，我让维枫和飞飞分别在孔明灯上写上自己的心愿和祝福。维枫写的是：全家健康如意，心想事成。飞飞写的是：亲人平安，国泰民安。他们俩对中国历史文化均有了解和热爱，字都写得不错。维枫还留下了自己的QQ号。维枫从事健康体检工作，我开玩笑说，把你的武汉体检网的网址也写上去。

维枫、飞飞留言后，我们成功点燃并升起了孔明灯，顺着孔明灯飘飞的方向，我看见一轮明月高挂天空，当孔明灯飞到高处时，感觉那就是天空中的一颗星星。事实上，在2012年的最后一晚，我们也看到了满天的繁星。

2013年1月1日

**荆州古城西门外的豆丝作坊**

　　虽然12月31日休息得很晚，但1月1日还是很早醒来，推开窗，朦胧的曙色中，月光明亮。以后几天也都是如此。这一方面可能是在家时，因为每天要早起给朵朵准备早餐，习惯了；也许正应验了古人说的：前三十年睡不醒，后三十年睡不着。毕竟无论年龄或心情，我早已不年轻了。

　　早餐后，我和维枫、飞飞一起，在长江大学门口坐51路车，10多分钟就到了荆州古城西门外。一下车，我就在路边一地摊上买了一本《大民谣顺口溜》，3元钱。封面上印有《北岳文艺出版社》字样，实际就是一本自编自印的小册子。内容多为对当今官场腐败及社会风化堕落的讽刺段子，有辛辣的，有染黄的。由此可见一方民风对大时代的响应。

　　地摊在一破旧老街口，我们顺道走进老街。这条街名为"繁荣街"，

　　离街口不远，我们见到一家正在热火朝天加工豆丝的作坊，时近年关，本地居民家家户户都开始准备年货，结合后来几天的观察，我感觉荆州居民普遍准备的年货有三种：绿豆丝、腊板鸭、腊鳊鱼。

　　繁荣街的这家豆丝作坊，门口立两个大炉子，一中年妇女在摊饼，磨好的豆浆用一勺子舀起，倒入炉堂上的平底锅内，迅速用一短柄刷子将豆浆均匀摊布于锅内，1分钟左右即可起锅，只见中年妇女将摊好的豆饼掀起，随手放在旁边一倒扣的筛子上。见我用相机拍摄，中年妇女说："拍什么，有什么好拍的。"说完停工了。这时，站在一旁的丈夫走上灶台，说道：让人家拍有什么关系。他边说边挽起袖子操作起来。看上去丈夫比妻子摊的速度更快。他还边摊边让我到室内拍豆丝制作的全流程。

　　我走进室内，所谓室内，也就是临街门面的一个厅，厅内坐满了一些

前来加工豆丝的当地乡邻，多为中年妇女和老婆婆。她们先在家将自己要做豆丝的原料准备好（大姐告诉我，一般是按照4斤绿豆6斤米组合，也可根据自己的喜好来配置原料，因为知道朵朵喜欢吃豇豆米，大姐今年专门留了一袋豇豆米，我回武汉时，带了几斤，大姐留了一些，准备做豇豆豆丝的），配置好后，要在家用水泡，将豆米泡软，再送到作坊加工。我在繁荣街这家作坊内，就看见十几户乡邻，用不同的器皿装满自己在家泡好的豆子来排队等候加工，有的用塑料桶、塑料袋装，有的在竹篮内垫上塑料袋，再将泡好的豆米装入其中，提到作坊。

作坊先将豆米磨成浆，然后摊成饼，饼摊好后，挂在一条竹竿上晾，然后再将豆饼按客户的要求切成宽窄不一的丝，再将豆丝挂在竹竿上晾。不一会，乡邻就可以将风晾后的豆丝取回，再在太阳下晒干，保存或食用，可煮、可炒。昨晚，我刚到大姐家，房东就送来几斤豆丝成品，当时大姐就用蒜苗、肉丝炒，风味独特。

　　我在繁荣街这家豆丝加工作坊内用视频记录了豆丝制作的全程，完成了此次荆州之行的实验影像《环绕》第二件《古城豆丝》。豆丝摊成饼后的几道工序，都是这家作坊的两位老人完成的，整个加工费按每斤豆米1元钱收取。这是一个典型的家庭作坊，他们勤劳善良，祝他们生意兴隆。

**繁荣街的优秀历史建筑**

　　和繁荣街豆丝作坊主告辞，我们继续沿着这条街往前走。在繁荣街105号的门前，看到门前挂着一块写有"优秀历史建筑"字样的铜牌，是荆州市人民政府2011年4月颁发的。后来几天，我们在三义街、胜利街等街区多次见到这种铜牌。看来这是当地政府保护历史记忆的一种现实举措。

105号的门是开着的，我们走进去，穿过一狭窄的过道，看到一间木门、木窗、木阁楼的老建筑。两侧的砖墙由青砖砌成，门槛外，还有几块已磨得光滑锃亮的青石。窗花均为方格，少见雕花。堂屋两侧均为鼓皮，上方还有神龛。屋脊的飞檐上还有动物图案，斑驳隐藏于野草中。

　　房间内堆满杂物，空中挂着腊肠。门口有一位妇女在洗衣服，她很热情地和我们攀谈，告诉我们，这栋建筑有100多年的历史，应该是辛亥革命前就有的建筑，祖上姓杨，当时这里被称为杨家寨子，杨家寨的主人，那时从事甜点心制作，还有自己的保安队，繁荣街好长一条都属于杨家寨子。

　　我问，政府将你们祖上的房子列为优秀历史建筑，有没有每年给你们维修费，她说，没有。不单不给钱，还不允许我们拆动。我建议他们将此建筑略加改建，再恢复祖上当年的点心生意，又将有一家百年老店欣欣向

荣地出现在繁荣街。妇女笑了笑。我们攀谈过程中，一位20多岁的小伙子一直微笑站在一旁。妇女告诉我们，这是她的儿子。我和这位年轻人开着玩笑说：你应该恢复祖上的荣光，祖宗大爷就全靠你了。这位在本地一所大学做招生工作的白白净净的小伙子，笑而不答。

一栋建筑的命运，在某种程度上可以说，就是文化的命运。一种文化，只有深深扎根在人们的日常生活、扎根于人们的日常生计，其生命方可延续，才有繁荣可期。

### 繁荣街的困难户

位于荆州古城西门外的繁荣街，不到500米长，街宽约3米。1月1日这一天，冬日暖阳，居民们有的忙着准备年货，一些年长的老人们聚在一起晒太阳。

我们一边走，一边用相机记录这条街星星点点的新异之处。在距离先前我们看过的那栋优秀历史建筑20多米处，一位身穿蓝色长裇的中年女性将我们拦住：你们是拍客吧？进来看看我们家，我们家的房子都快塌了，

政府也没人管，一到下雨，我们就得用十几个盆子接漏，桌上、床上、柜子顶上、地上，到处都要用盆子接，不然，整个家里和屋外就没什么区别。说着，这位大嫂把我们领进屋子，一一指给我们看。虽然今天阳光明媚，但屋内确实有许多盆子散落各处。我看到墙面多处有雨水浸泡过的痕迹，许多电线集中处，也明显有漏雨点，这对用电安全构成威胁。

说着，这位大嫂又把我们带到过道对面的一间屋，这间屋不到15个平方，两位老人住在这间屋，老人们也指着堆满杂物的房间，处处可见被雨水浸泡过的痕迹。主人告诉我们说，这是他们租的房管所的房，每年给房管所租金，多次反映，也没人管。这位在一家单位做清洁工，一月500多元工资的大嫂，希望我们向政府反映，向荆州电视台的《江汉风》栏目反映，让他们来看看，帮助他们底层人民解决困难。家里的男主人也过来，把我们带到屋外，让我们看他们家隔壁的房间。隔壁房间已经垮塌，只有几根柱子立在那里，但一堵靠近他们家一侧的墙体，明显倾斜，且有裂缝，如果倒塌，后果难以设想。

我让维枫通过114查到荆州电视台《江汉风》节目组的电话，电话接通后，我向一位女接线生反映情况：我们是来自武汉的游客，在荆州古城西门外的繁荣街，遇到一栋存在明显安全隐患的住房，长期严重漏雨，用电安全存在隐患；另外，隔壁一间破败房舍的墙体有倒塌危险，如下场大雪，很有可能倒塌，后果严重，户主希望你们派记者来看看。接线生问了我的来历及姓氏，说正值元旦，向领导反映后再决定如何处理。一直到1月4日，我们离开荆州，也没有接到《江汉风》的回电。

我们每到一个城市，喜欢寻访老街，一方面，老街还能发现一个城市历史的蛛丝马迹，另一方面，传统民俗、民风，在一些老旧的街道，也更容易感受到，也许从一条老街，我们就能发现这个城市是从哪里来的，它现在准备去往何方。但见到繁荣街这家困难户的境遇，让我们明显感觉，让人民有尊严的历史才是伟大的历史。

繁荣街一个多小的往返，心生感慨，得七律一首：

古城繁荣街

往昔繁华烟尘远

古城西门豆饼圆

冬日暖阳照残墙

布瓦难敌寒风怨

### 荆州实验中学：三桥不流水

我们离开繁荣街，眼前就是荆州古城墙的西门。古城墙有内墙、外墙，外墙外还有护城河。前几次来荆州，我曾经登上过城墙，更早一次登上荆州古城墙，应该是20世纪80年代，大约是1984年。那是一个风衣飘飘的年代。这一次来荆州，古城墙不是我要走近的主要目标。

我们直接穿过西门，向博物馆方向走去。博物馆对面的纪念品店萧条冷清，博物馆门前也鲜有游客，我这次计划花一天时间去看博物馆，1号上午主要是想去看看古玩市场，一方面，看能否淘到本地版本的毛泽东像章；另外想买一本类似《历代名人咏荆州》这样的书。

我们三人在荆州中路上走，发现荆州实验中学校园内，有一栋古建筑，还有一座写有繁体字的牌坊。征得门卫师傅的允许，我们进去参观。

古建筑为大成殿，门关着，我透过门缝朝里望去，殿内挂满书法作品，不少是学校学生写的。大成殿前面是学校操场，操场对面立有一座牌

坊，古牌坊上书三个字：欞星门。我们三人都不认识"欞"这个字，见有学生过来（初一年级学生）我向他们请教这个字的读音，他们告诉我：这个字是"棂"的繁体字，其他几个同学也都说读"棂"。我的知识无法让我将这个字的简繁之间联系起来，还是心存疑虑。

我们绕过操场，来到这座牌坊前，从牌匾上所述文字看，这座牌坊建于大清光绪二十二年。我们在此留影。这也是我这次荆州之行留的第一张私人影像。

在矗立欞星门牌坊的台阶上回头望，大成殿的身后，学校校门外，有一排挺拔高大的杉树，几乎每棵树上都有一上一下两个鸟巢，鸟巢没有我在武汉以及汉宜高铁沿线见到的喜鹊巢大，感觉好像还没有搭建完。后

来在荆沙各处，同样在这一树种上，常见和实验中学校门外一模一样的鸟巢。我对维枫说，这些鸟，紧邻学府，可能是乐于与朗朗书声相伴。

走下櫺星门，穿过操场，绕过大成殿，我们准备出校门。这时，那位在校门口的师傅走过来，我上去向师傅请教：对面牌坊上的那个繁体字怎么读？老先生告诉我们读棂，是棂这个字的繁体字。我向老先生请教：这个繁体字怎么和棂字联系起来？老先生给我们解释道：这个字左边一个木，右边底下是几个格子，上面是雨，表明古人对窗棂的理解，就是一块实心的木块被打通，内外气息都可像水一样流动自如。老先生说，棂，就是像格子一样。他还指着远处那个牌坊上写有这三个字的圖，告诉我们，上面都是镂空的。我连忙点头。我问老先生是不是学校的老师，老先生说，他是学校的语文老师，姓杨。通过杨老师的介绍，我才知道，以前这里是一座文庙。鼎盛时期，有孝悌祠等90多栋建筑，现在仅存这栋大成殿。那个写有"棂星门"三个字的牌匾，在"文革"期间，也被毁了，后来是用那些残片重新拼接而成的。

杨老师告诉我们：我们眼前的操场上，以前有三座桥，中间一座桥高，两边的两座桥低，桥底没有流水，所以，又称"三桥不流水"。旧时科举考试，金榜题名的，按考试成绩分列而行，第一名在中间那座最高的桥通过，第二名和第三名分别经两侧稍低的桥上通过，没考过的就从桥底过，所以三桥不流水。那些从桥上走过的金榜题名者，下桥后，又分别依次从棂星门牌匾下三个高低不同的门通过，没考上的就只能从边上走。杨老师还说：过去，这座牌坊外边还有很宽的涌壁，涌壁两边分别书有清朝一个大官写的"德培古今 道贯天地"。后来，"文化大革命"的时候，都被红卫兵给毁了。

三桥不流水的彰显模式，有点类似当代体育比赛颁奖仪式，冠军站在最高的领奖台，得银牌和铜牌分别站在低一级的领奖台，没得奖的就和普通观众一样，在看台上为他们鼓掌。

我看到大成殿内挂满学生的书法作品以及学校整体风貌，想这所学校一定很重视传统文化的传承教育，我问杨老师，你刚才给我们讲的这些是否都给学生们讲过？杨老师说，好像没有。我说，我女儿所在的小学，也是一所有悠久历史的学校，学校也有校史陈列馆，学生在学校有三次机会集体走进校史陈列馆参观：入学、学中以及毕业前夕。我建议荆州实验中学，利用一次全校师生集中的机会，花半小时给孩子们讲讲这些历史典故，或编印一本小册子，人手一册，这对培养学生的历史观，会大有裨益。

提到实验中学的"三桥不流水",杨老师还告诉我们,荆州有三不:除这里的三桥不流水外,还有三笔不写字(用石头雕的纪念公安三袁的三架笔),还有就是三山不见山,即张飞的一担土,关云长的一副盔甲。后来,我在公交车上看到过卸甲山。

听了杨老师的一席介绍,收获不小,我和杨老师在大成殿前合影一张。

### 荆州古玩城

当地旧书店和古玩城,是我每次外出都必定要去的地方。荆州古玩城在荆州博物馆后面,距离荆州实验中学不是很远。我们离开实验中学,步行十几分钟,便接近古玩城。很远处,我便看见古玩城对面的街角,有一家"荆沙古旧书店"。老板和一帮人在店门口下象棋,我问他是否有历代名人写荆州的诗词一类的书,他指给我一排书,让我在那里找。我很快就找到一本《历代诗人咏荆州》,1982年荆州地委宣传部编的。还买了一本江陵县诗词楹联学会2003年编印的《对联笔录》,收录的是全国各地名胜古迹的楹联,厚厚的一大本。

古旧书店对面的古玩市场,游客寥寥。几年前,我们曾经来过这里,在这里买过一只小石鼓,小巧精致,现在还放在青年旅舍的前台。这里有几家专门经营文革收藏品的主题店,进去看,他们的毛泽东像章,都整整齐齐地摆放在柜台里,上了锁。要看,就得点一个,老板取一个;再点一

个，老板再取一个。我很不喜欢这种购物模式，我喜欢的是武汉香港路或徐东路上的地摊模式，随便看，自由选。荆州古玩店的这种选购模式，使得我接触到的像章品种偏少，没有选到性价比合乎我要求的。我心目中毛泽东像章的价格在每枚3~8元。超过15元，我就觉得不靠谱。荆州古玩店的毛泽东像章多在20元以上，不少60元到80元。有一家店说有一个孤品，值500元，店主认为我根本买不起，看也不给我看。

选购毛泽东像章也顺道看看别的。在一家店，我买了一个铜锅，还买了一个帆布子弹袋，准备用它来装手机，防备再次摔坏。

古玩城待的时间不长。没买到毛泽东像章有点小小的失望。没想到第二天下午，我们在关帝庙前的地摊上，发现一个摊点上有毛泽东像章卖。一共九枚，我仔细且自由地看过后，觉得每枚像章都有点意思，和摊主一番讨价还价，最后5元一枚全部买下。这样，这次荆州之行的三个购物目标中的两个如愿以偿。还有一个就是给朵朵和她妈妈带好吃的或好玩的礼品。

## 古城买酒三义街

边看边逛，不知不觉就穿过了荆州古玩城。走出古玩城不远，见街边的路牌上写有"三义街"字样，我们决定到三义街转转。这是一条青石板铺陈的老街，街道两旁的房舍低矮，岁月将青石板磨得光滑如洗，两旁房屋前有一条一米多宽的走道，这条走道比青石板高出10公分左右，这让整条街道看上去两侧高，中间低，后来我们在张居正街看到的情况也类似。

我们走在街心的青石板上，街道两旁的居民，许多家都在屋前晒有年货，有的是香肠，有的是腊鱼，有的是干菜。我们看见一家粮食酒坊，走进去，问有没有高粱酒，店主是位大约70岁的长者。我问，酒多少钱一斤？长者指着墙上的几行字——酒有好歹，价有高低，任君选择，赊账免谈——说：有贵的也有便宜的。我问，贵的多少钱一斤？长者说：20元一斤。我问，为什么有的贵有的便宜？长者说：20元的酒是头道酒。我问：这头道酒是多少度的？长者说：60度。我说，那我就买5斤20元的头道酒。我是想带点好的粮食酒给大姐夫喝。但维枫说：60度度数太高，容易喝醉。就只买了3斤。

在长者给我们打酒的过程中，我对长者说，听口音您不是本地人。长者告诉我，他家在岳阳，在这条街上自酿白酒卖，已经有十几年了。我问长者，一天能卖多少斤？长者说：不等，像这个季节，生意比较好，一个月能卖100多斤，每两天就要开酿一次。我问：您这酿酒的手艺是从哪里

学的？长者告诉我：他们祖上是湖北监利的。我知道，湖北监利，自酿粮食酒远近闻名。我问长者贵姓，长者告诉我姓张。我一听姓张，便对长者说：我也姓张，敢问问您这一派张姓的辈分排序？长者拿起笔，找到一张纸，将他能记起的辈分排序，写给我看：时永逢明盛，作向新堂运。念上去，口感不是那么顺畅，但看到老人一气呵成，字迹工整有力。想必是一位读书之人，也就没再细斟酌。老人说，他们祖上的祠堂，都在监利。

　　我之所以对长者的姓氏辈分有兴趣，是因为我们这一派张姓的辈分，有几处我自己也还没弄明白。前年回老家，家里的一位远房叔叔，告诉了我，我们张姓辈分的28个字，是一首七言诗歌，一二句和最后一句都清楚，但第三句，我怎么也记不起开头几个字，即便记起，也只是有个读音，具体字怎么也难以对通顺。很凑巧，昨晚，我们一家人在一起吃晚餐，大姐居然在一个本上，记录过她印象中的这四句话。大姐找出本来，我一看，第三句还是音意难以对上，这几天我琢磨了一下，也许这个说法相对靠谱：宽余温良法祖先，同登孝友书圣贤，力争永照今天继，大振家邦庆万年。当然这还有待进一步考证。

　　买完粮食酒，我们继续沿三义街往前走，偶尔我回头，看到街道的尽头便是古城西门，夕阳照到街头，一半明亮，一半为房屋的阴影所覆盖，一阵时光交错感，扑面而来。

　　当天晚上，得五言一首：

古城买酒三义街
夕阳映往世
冬寒扣青石
回首旧城远
三义醉元日

## 我的第一次网吧经历

昨天从武汉出发时，手机触摸屏摔坏，输入功能基本瘫痪。今天是2013年新年，有不少朋友，发来短信或QQ留言，祝福新年，我得想办法上网，通过微博和QQ给朋友们一个回复，还要给我特别好的朋友，表达想念和感谢之情。但大姐家是刚搬过来的，还没有装网线。因此，从三义街回大姐家，晚餐后我便和维枫、飞飞一起去长江大学对面的一个网吧上网。

1998年前，我创办的公司在位于武汉华师斜对面的东星大厦办公，当时我办公室的隔壁是一家广告公司，每每从这家公司门前经过，看到其房间内摆满电脑，就很羡慕，当时，我觉得有很多电脑的公司才叫公司，后来，互联网兴起，我便开始大胆创办网络公司，所以从那个时候开始，我就一直有便捷的上网条件。这些年过去，我就从来没有进过网吧。

长江大学这里，只允许一个网吧存在，所以，我一走进网吧，便被其规模和阵势镇住了。上千平方米的场地，显示屏挨着显示屏，网迷挨着网迷。上网的大部分是学生，显示屏显示的是清一色的游戏画面。

维枫帮忙开通了账号，我因为是第一次进网吧，再加上眼睛不好使，起初操作得很陌生。过了半小时，方才渐渐上手。我给朋友们发去了新年的祝福，也写了几条微博，来弥补手机功能失效后，旅行记录现场感的缺失。

第二天晚上，我再次和维枫一起到了这家网吧，还是和第一天一样，挤满了学生。敲击键盘的声音和学生们的呼叫声混合变奏，仿佛置身于一个大型的信息超市。

2013年1月2日

**宾欣街的基督教堂**

　　1月2日，照例是在鸡鸣犬吠声中早起，世界依然是曙光初照，月色不争。

　　早餐后，我和维枫、飞飞一起，在长江大学大门口乘坐14路公交车，10点过，我们在花台站下车。几番询问，我们终于在距离花台站不远的宾欣街口，看到了一座基督教堂。

　　教堂门口的一位信徒把我们领进去，给我们介绍了一位老师。这位信徒问我：您是非洲哪个国家的？我笑了笑。1月4日上午，我在钟鼓楼菜场旁边的一家路边小餐馆吃早饭，店主是一位小嫂子，她问我，您是不是从武当山下来的？看来以貌取人，确实是人的天赋。1月1日，在荆州古玩城附近的一家农贸市场，我发现了一种比较特别的食品。问站在一旁的一位70多岁的老奶奶，这是什么食品？老奶奶告诉我，这是红薯片。老人家还告诉了我这种薯片的具体制作工艺。我说，能不能尝尝？老奶奶说：看你像个艺术家，我送你一点，你带回去用油炸，又香又甜又脆。虽然人都好以貌取人，但每个人的眼光还是不一样的。

　　我眼前的这座教堂正在维修，礼拜堂内堆满了砖块和水泥，平日

里信徒们坐的条凳，摆放在教堂的过道，上面落满灰尘。墙面上圣诞节的黑板报，还原封不动地保留着。

我来到教堂的办公室，有几位工作人员在，我向他们了解了这座教堂的一些历史：这座教堂，名为福音堂，创办于1875年前后，100多年来，历尽风雨。眼前的教堂是2000年修复的，在与宾欣街垂直的主干道上，原来有一栋房舍是教会的，但前些年一直租给一家餐馆在经营，现在将它收回来，所以在进行大规模的整修。现在教堂的门朝宾欣街开，改造完后，教堂的门将面向主干道。

教堂的工作人员告诉我，平日里，来这里参加教堂活动的有200~300人，圣诞有800多人，说着，她用手指着窗外的宾欣街：外面的街道上都挤满了人。

看到墙上张贴着赞美诗等教会资料出售的信息，我想买一本1300首的赞美诗集（8元钱），但因为具体负责此事的人不在，没买成。因为我手上有的，也是前不久我所住小区的清洁工从她参与的武汉真耶稣教会给我买来的，共800首。1300首我还是第一次听说。这里的工作人员告诉我：前400首是统一的，后面的有温版的（温州版）或协会版的。

## 宾欣街的古井河蚌酒家

离开教堂，我们继续沿着宾欣街前行。在距离教堂大约200米处，我们看见一个醒目的店牌：古井河蚌。我们在这家酒家门外转悠，没看见古井，倒是发现了一大池的河蚌。河蚌我小时候见的很多，我老家屋后有条小河，小时候，夏天，在小河里摸蚌，是我最拿手的。别的小伙伴，摸半天，摸不到几个，我一摸就是一大盆。回家后用开水一紧，掰开蚌壳，取出蚌肉，再和白萝卜一起煨，简直是天下美味。一直到现在，每年春节，小姐夫都还要为我提前准备几斤与河蚌味道相似的"道果子"肉，或与白萝卜一起煨汤，或粉蒸，都是无与伦比的口福。

每次外出旅行，我都喜欢逛逛当地的农贸市场，因为在那里既能见证生物多样性，也能发现文化多样性。这一次，也不例外。1月4日上午，我和维枫一大早就专程到位于张居正街街口的荆州钟鼓楼农贸市场。在这个市场，我们发现一种比较本地化的鱼。人们呼之"南姆鱼"，前两个字究竟是哪两个字，一个卖家一个说法：有一卖家是一个中年妇女，当我问，nan是哪个字时，卖家说：nan就是红中奈子杠里边的那个南，她说的应该是麻将中的"南风"的南。再问另外一卖家，说是兰花的兰。还有一卖家根本就不回答我，说我不买他的鱼。后来，我在回答南风的南字的卖家处，买了5斤，8元一斤。所以，我在这里就采用这个卖家的命名。

南姆鱼，个小，10厘米长就算大的了，身材短小饱满，感觉其鱼鳞好像不同于其他的鱼，也许正是因为鱼鳞的原因，使其看上去比其他的鱼种色泽要稍微偏青一点。不过回家后，煎烧，感觉不出很特别的味觉体验，且刺还不少。

荆州是最典型的鱼米之乡，这个时节在荆州，除家家户户门前都挂

满腊鱼外，古城外的街道两旁，经常能见到鱼市。这些鱼多来自当地的一个叫"长湖"的湖。我们在宾欣街看到的河蚌，也是来自长湖。虽然，我小时候是摸河蚌的高手，但见到这家酒家水池里如此大的河蚌，还是第一次，有长的可能快30公分，蚌壳的纹理也很夺目。我们走进店里，问老板：古井在哪里呀？老板从店里出来，指给我们看水池旁边的一个圆形的石头，井就在这里。井枯了，所以我们将它封了。

从井盖看，这口井不大，井口直径大约40公分。我对店家建议，应该用一个装置，将这个井围起来，挖掘一段故事，作为一个景点，让每个食客增加一层体验。

这一次在荆州，见到过三口井，宾欣街的这口井是象征性的。另外两口井都在章华寺内。章华寺的沉香井，据寺门口的人介绍，应该是为数不多的几件历史传承。但我们在游览章华寺时，好不容易发现一沉香井的

碑，但却不见井，后来还是飞飞掀开了碑附近的一块大理石，才看到一口和宾欣街这口象征性的井大小差不多的井。井没有枯，但井内被人扔满杂物。

听章华寺的居士说，寺内还有一口井，叫智慧井。我们一直没找到。就在快要离开章华寺时，遇见一位67岁的老奶奶，她是一位居士，她引导我们，在章华寺有名的唐杏旁边，发现了它，但也被大理石盖着，外边还有栏杆围起，我们

还是没法接近这口智慧井，老人说，这井水可甜、可好喝了。

宾欣街的古井河蚌酒家，名字听上去就很诱人，我们走进店里，问如何消费，店主说：吃火锅，一个火锅120元。我们计划转完这条街，差不多也是中午过，再过来品尝，但后来因为去了关帝庙参观，没有再从这条街道返回，也就无缘品尝了。

## 宾欣街的书香门第

距离古井河蚌酒家不远，我们又看见一栋贴有优秀历史建筑牌匾的建筑。这栋建筑的临街面，应该是房屋的后墙。现在，主人将临街的一部分开辟出来，做了一家小餐馆，曰：宾欣餐馆，不到10个平方米。我们征得主人同意，进屋内参观。单从后墙外表及屋檐造型看，和我们在繁荣街见

到的那栋老建筑，相差无几。但室内结构还是有些区别：三干三拖，屋内的木质结构部分保存得相对完好。从室内的一些家具和摆件，还依稀可见昔日的气息，但和其他民居一样，屋内也挂满了年货，墙面上张贴有广告、年画，还有与佛教有关的物件，也许因为空间紧张，在被我们称之为客厅的堂屋，中央摆放一个方桌，其余的空间被摩托车、三轮车、碗柜、米坛、锅、桶、开水瓶等杂物挤满，厢房的半空，悬挂着碗架，剩饭剩菜就搁在上面。门外还有一个走廊，走廊里堆放着几个石础，但都很普通。窗花看上去要比单纯的方格丰富。

我在这里，用相机记录了这家人堂屋的布置，这也是我此次荆州之行完成的第三件《环绕》实验影像作品。忙进忙出的女主人说，当家的马上回来，你们可以问问他这栋房子的历史。

不一会儿男主人回来，他告诉我们：这是他曾祖父留下的房产，他曾

祖父名叫曹汝桢，中过举人；他的祖父是一位私塾先生；他的父亲也是一位教师，他说：我们是书香门第。我问，到您这一辈还有教书的吗？男主人说：我们兄弟四人，没一个教书的。我问，那你们家应该还有不少古书吧？他冷笑一声说：哼，都被红卫兵烧了。说到这里主人有点激动，把我拉到门外，指着房顶的飞檐说：你看那是什么造型？那可是虎口啊。当年，家里多少雕龙画凤，都被红卫兵烧了。

### 荆州麻辣烫 沙市早堂面

从宾欣街曹家老宅往前走不远，遇到一十字路口，我们接下来要去的是东堤街的太主教堂。和宾欣街十字交叉的是冠带巷。经路人指点，我们右拐沿冠带巷前行。冠带巷狭窄拥挤，多是荆州满城可见的麻辣烫店，一家挨着一家，间或还有几家发廊。

维枫说，吃麻辣烫是荆州本地比较有特色的饮食习惯。昨天中午，我们从荆州实验中学出来，在实验中学校门一侧的一培优机构云集的巷口，一位大爷在那里支起一个麻辣烫摊，一个大不锈钢面板，镶嵌进一个大煤炉，煤炉上架起一个大铁锅，锅内放入充足的调料，煤火煮，然后将各种食料用竹签串起，放入锅里煮烫，竹签串起的品种达几十种，从肉、鱼片到香肠、魔芋、豆腐、青菜等，应有尽有。如果单就这些，那还说不上荆州的特色，因为四川的串串香，也与这类似。荆州麻辣烫的一个特点之一，便是你可以选择各种粉、丝、面等在味道交响的锅内烫，在锅中间一块无竹签处，烫几分钟，一碗味道丰富的麻辣烫面或麻辣烫粉便热气腾腾地摆在你面前。边吃烫面，你还可以自由点取锅内的食物，将竹签上的食物吃完后，竹签放在一旁，一根竹签5毛钱，有的食材品种比较贵，就摆2根竹签。最后结账时，数数有多少根竹签，就知道你吃了多少钱。我们三人一共吃了13元。

吃的过程中，我和老大爷聊天，问他这条巷子有多少家培优机构，老人家说，是一家集团公司，底下有许多不同的科目。以前生意非常好，现在差些了。我问，为什么差些了？老大爷说：以前学校不搞培优，发现许多孩子在校外学习，学校干脆自己办起培优班，收费比校外的低，学生也就没时间到校外培优了。我说，这对您的生意有影响吗？大爷没回答。

在荆州的几日，我在外吃饭不多，有几次都是吃早餐。一次是在长江大学对面的小餐馆，吃了一碗宽面，面条之宽，基本上不能叫面条了，应该叫面带，一根面带，大约2厘米宽，与我常吃的细如发丝的龙须面相比，这宽过柳叶的面条口感饱满温柔。

在荆州的另外一次有印象的早点，是1月4日在钟鼓楼农贸市场边的一个早点摊，吃的一种所谓"早堂面"，机械加工的细面，清汤煮，上面放几片薄薄的白肉，清淡素雅。

我是冲着"早堂面"这种说法才点这种面的，问摊主为何叫"早堂面"，也不知所以然，回家后在网上一查，发现我吃的早堂面和身为沙市名早点的早堂面，特色及风味应该区别很大，几近南辕北辙，抑或是升级版。早堂面是沙市著名的传统早点，已有百年历史。1895年沙市开埠后，当地一面馆老板根据这里的码头工人因从事体力劳动喜欢吃油水厚重食物的特点，制作了这种油厚码肥、汤鲜味美的面条。由于码头工人多在凌晨时分到面馆吃面后上工，故得此名。看来，品尝正宗的传统早堂面，还得待来年。

## 关帝庙

穿过冠带巷，来到一喧嚣嘈杂的广场，这里正在举办一场年货展销会，还搭起舞台，音响播放着刺耳的音乐。台上一位小伙子，用包括向空中扔方便面等方式调动大家的热情，以烘托卖场氛围。

我转身一看，发现身边便是大名鼎鼎的关帝庙。荆州关帝庙，始建于明太祖洪武二十九年（公元1396年），与山西解州关祠、湖北当阳关陵并列为中国三大关公纪念圣地。关帝庙并非我此次荆州之行的必去之地，既然来到了关帝庙前，还是要进去看看的。荆州关帝庙曾毁于侵华日军的战火。1985年国家旅游局等部门拨款在原址重建。重建的仪门有清乾隆御赐的"泽安南纪"匾额，门首上方为清同治皇帝御赐匾额"威震华夏"。殿中关羽夜读《春秋》塑像上方，悬挂清雍正御赐的"乾坤正气"匾额。这都是殿前的介绍文字，但庭院内两株古拙的银杏树，参天矗立的孤傲身姿，却胜过一切的文字介绍。两株一雌一雄古银杏树为元末明初所植，距今已有600多年。左边的一株为雌，右边的一株为雄。这两株一雌一雄古银杏树曾遭到日军空袭和雷击，罪恶的炸弹曾将雄树劈掉一半。我眼前这棵

曾经被炸掉一半的雄树，峭壁般的剖面，面对世事，裸露的身姿雕塑般昂扬长空，在树的顶端，有几丛枝条，透露出生命的信息依然未息。其历经沧桑的身躯，有水泥浇注的支撑架支撑，更显其倔强以及对天空与大地的忠义。

与其相对而立的是一棵雌树，虽然雌雄两株高度相当，但却身姿迥异。这棵雌树被一丛丛藤蔓紧紧搂抱，显得雍容华贵。我问工作人员，缠绕这棵古树的是什么植物，工作人员告诉我，这是金银花。在这寒冬时节，金银花叶依然绿，乍看上去，还以为是古树的枝叶。一棵赤裸裸，一棵穿金戴银，很独特的风景。

关帝庙内还有一处值得记取的景致，一块石碑上镌刻有一首竹叶诗，所谓诗中有画，画中有诗。这首竹叶诗全文如下：

> 不谢东君意，
> 丹青独立名；
> 莫嫌孤叶淡，
> 终久不凋零。

据说，这是关羽辞别曹操时所作。作毕，便封金挂印，护送二位嫂嫂千里单骑。不过，我眼前看到的这块碑，雕刻这幅所谓《关圣帝君诗记》的布局，确实不值得恭维。由于字迹模糊，也无法完整看清植碑年月。

在关帝庙，我没有拜关公。关公的形象在中国民间，确实很复杂，我这次的荆州之行，除在关帝庙遇到的关公形象外，还在一家道观见到过关公凛然提刀的偶像。

### 关帝庙前江南style

关帝庙前，聚集着好几个专营环古城游览的私家车夫，我们从关帝庙一出来，就有人围过来，问我们要不要车，环城游，外带玄妙观、关羽祠的门票一共每人40元。关帝庙是不要门票的，后来我们去了玄妙观，也不要门票，因为那里在修缮。

我们没有选择环城游，因为一出关帝庙，抬眼可见远处教堂的十字架，相信我们要找的教堂，距离这里不远。

我们参观关帝庙一个多小时出来，关帝庙前广场上的展销活动依然如火如荼展开，舞台上照旧播放节奏铿锵的音乐，主持的那位小伙子照旧用各种花式为促销现场营造气氛。

我在广场的一地摊上，买了9枚毛泽东像章，还专门跑到舞台边，让那个小伙子将刚才播放过的《江南style》再播放一遍。他连忙过去让DJ调换曲目，不一会《江南style》的节奏想起。小伙子说：我播放《江南style》，你上来和我们一起跳骑马舞行不行。我说，我不会跳，小伙子便在台上很投入地跳起来。他要求台下的观众和他一起跳，但应者寥寥。

### 荆州古城南门外的圣母圣心教堂

从关帝庙前的广场，穿过城墙，便到南门外。南门这一带，是荆州欠发达的地区。城墙外的护城河边，有人摆摊卖六合彩方面的自印资料，有买小兔子的；护城河对岸，有传统理发的，卖老花镜的。在这里，我们遇见一位三十多岁的男子，身边放着厚厚的两卷本《辞源》，我看了一下，这套《辞源》是1982年版的，还是繁体字。男子告诉我们，他买不起别的书，就专门看这本《辞源》，主要了解各种历史人文方面的信息。

我向他打听附近有没有教堂，他转身一指，就在前面这个街口进去不远就是。

这条街名为"东堤街"，我们朝里走不到50米。就见到一座粉刷洁白的教堂。白得让人看上去不是很习惯。教堂的门紧锁，我们便向路过的几位长者打听教堂的历史，一位79岁的大爷告诉我们，他小的时候，就有了这座教堂。一位60岁的长者告诉我们，这条街上不少居民信教，前些时，圣诞节，这里挤满了人。

飞飞发现教堂旁边的一间建筑的门可以推开。我就推开往里走，这里是教堂的办公处，也是荆州天主教会的活动处。我们呼喊几声，屋内出来一位50多岁的先生。我告诉他，我们想了解一下教堂的历史。他拿来钥匙，将教堂的门打开，把我们带进宏伟的教堂内。一走进教堂，我就被一种庄严感所打动。这位先生，是教会请来帮教堂做后勤方面工作的。他来自长阳，已经来了好几年。他告诉我们，这座教堂已有100多年的历史，但历次战争，均得幸免。"文革"时期，教会活动被终止，这里成了装卸公司所在地，教堂的大厅被隔成一间一间隔断，供搬运工住。80年代，开始恢复教会活动。

平时，这里一般有100多个信徒参加活动，到圣诞等大型宗教节日，有

300多人。

我凝神教堂悬挂的圣母及耶稣的大型油画，这位先生说，这两幅画，可能是原作，被人保护，躲过了历次浩劫。这个教堂，一般上午十点前有活动，现在，整个教堂就我们三个人。我坐在教堂的第一排，安静望着圣母像，让维枫给我拍照纪念。

虽然我们对圣母圣心教不是很了解，但这庄严、宁静、宏伟的气氛还是直达我心底。

### 玄妙观

从东堤街的圣母圣心教堂出来，我们原路往回走，过冠带巷与宾欣街交叉的十字路口，沿冠带巷继续直行，一直到荆州北路与拥军路的交叉口，就见到一古黄色的门楼，这就是玄妙观。

到荆州的第一个晚上，在家里吃饭时，我问大姐夫，荆州哪些景点去的人比较少。他说的第一个便是玄妙观。玄妙观门前停满汽车，门虚掩着，我们推开门，售票处没见人，我们再往里走，整个观内就我们三个人。观内一片寂静，各种石鼓、石墩、石碑散落各处，显得很萧条。时逢寒冬岁月，再加上观内墙壁以及殿面的斑驳，给人一种荒凉感。

玄妙观始建于唐朝开元年间（公元713年），由于历代屡遭水患和战乱毁坏，目前仅存三座殿，玉皇殿之后为三天门，三天门后为紫皇阁，均为明代建筑物。这仅存的三座殿，尤以三天门壮观超越，狭窄陡峭的台阶，向高处延伸，三天门建在高高的台阶之上，让人只得以仰望之势，方能一睹全貌。有一种直达心灵的超越感。

这三座殿，我逐一登上，感觉其浑厚胜过武当。

观内还有几座古石碑，但都因为年代久远，字迹模糊，现场不得其文字详情。飞飞还发现玄妙观三座殿的牌匾题字均是唐伯虎的笔记。

玄妙观的后门，直抵荆州古城墙小北门。在一个临时搭起的门房内有位女生在那里值守，问我们是怎么进来的，我说，我们是推开大门就进来了。她很吃惊：大门是开着的！？

玄妙观一侧是一个大工地，我们离开玄妙观后，才了解到，这个工地是一个大型旅游休闲服务项目建设工地，名为"九老仙都长生街"，景区内规划了十大活动区域：一元初始、太极两仪、三才相合、四象环绕、五行相生、六合寰宇、七星中天、八卦演义、九宫和中，一元复如，想必是要将玄妙观纳入其中。

玄妙观1981年就被国务院列为全国重点文物保护单位。在玄妙观门口布满灰尘的宣传牌上写着这样一句广告语：据说，现代荆州有三气，古城墙的大气，博物馆的名气，玄妙观的灵气。从这三句广告语看，当地的管理者，是怀揣宝贝而不识啊。

旅行置身荒凉之处，有一种独自发现的满足感，但看到大地上这些历史遗存，无人问津，又有一丝惋惜。不知道以后再来玄妙观，是否香客如织。

从玄妙观出来快下午4点了，早晨9点半出来，到现在还没补给，决定回家休整，我们乘坐25路车，半小时到家。晚餐后，我和维枫再次去长江大学门口的网吧上网。朵朵在河南南阳老界岭来电话，兴奋地

讲述她第一次滑雪的经历。接近晚上11点，回家休息。从网吧到家里，要经过一片农田，冬夜北风呼啸，一年中最寒冷的季节来了。

2013年1月3日

**章华寺：天下第一古梅**

　　1月3日，阴天。早起，在长江大学对面的餐馆吃过早餐后，坐21路过北京中路后下车，因为今天要去的地方比较多，便在路边叫一麻木5元钱，到章华寺。

　　章华寺为荆楚名刹，与汉阳归元寺、当阳玉泉寺并列为湖北三大丛林。章华寺的旧址，是古章华台遗址。古章华台是楚灵王于公元前535年所建，隋末唐初有古德在此结茅精修，元泰定二年（公元1325年）建章台寺，明初更名为章华寺至今。寺内章华古梅、银杏古树、沉香古井、石碑古刻被称为四古之绝。

踏进寺门，一位老者在门口售票。5元一张，老者还给我们每人一张印有菩萨像的护身符。

走进章华寺，给我的感觉是，寺院格局缺乏历史厚重感，分散无力，越往寺院深处走，这种感觉越强。寺院内有一棵唐代留下的银杏树，枝冠开阔，豪迈舒展。与其相邻的是一株有2540年历史的古梅。矗立在大雄宝殿前方的这棵古梅，享有"天下第一古梅"的称号，是从楚国流传下来的一棵黄梅，所以称之为楚梅，与浙江天台隋梅、湖北黄梅县东山的晋梅、浙江杭州大明堂院内的唐梅、浙江超山报慈寺前的宋梅并称为我国五大古梅。这棵楚梅也是荆州市年岁最大的一棵树，相传是楚灵王所植。传说这里曾经是楚灵王的后花园，建成以后供楚灵王与他的妃子们享乐所用，在这个后花园里种有一片占地四十多亩的梅林，但随着历史和时代的变迁，最终存活下来的梅树只剩这一棵了，至今都还郁郁葱葱、树枝蓬勃。我在这棵古梅前辗转徘徊，面对其历经几千年风雨，今天依然含苞欲放，感慨不已。我在这棵千年古梅台上，捡拾数片梅叶，如有机缘，我将为它赋诗一首。

在大雄宝殿的后侧，有一座一眼就看出是新建不久的塔，曰：观音甘露塔。登塔需要单独买门票，2元一张。我登上顶层，俯视，在参差不齐的都市丛里，章华寺的一片淡黄，显得醒目。一层一层往下时，发现塔内壁画很有趣味，我用手机记录了部分片段，到达一层时，见门口放有一个搪瓷壶以及一个开水瓶，曰：甘露，喝了消灾去烦恼，延年益寿。我倒了一杯，一饮而尽。维枫和飞飞也先后一杯。

我向售票的中年妇女请教观音甘露塔的历史，中年妇女是一位居士，

她说，塔是2002年开建的，2004年初夏落成。

观音甘露塔对面还有一座和平塔，看了一眼和平塔，便准备离开寺院，这时遇到一位老婆婆，看上去也是一位居士。我问，寺庙内除沉香井外，听说还有一口智慧井，可我们没见到啊？这位老婆婆快心热肠，把我们引到古梅斜对面，一口井被一块大理石盖住，没法一睹真容。

章华寺给我的印象并没有厚重的佛学气息，寺内有许多中国传统国学以及当前政治意识形态的痕迹。其中24忠的石刻，镶嵌在寺内，给人感觉不伦不类。但不管怎么说，见到含苞欲放的楚梅，是不虚此行的。

## 荆沙18观之青龙观

1月3日一大早，维枫在长江大学的旅行售票点，买了今晚7点40回武汉的动车票。因此，我们从章华寺一出来，就搭乘一麻木，直接到胜利街，听说，胜利街还有一座天主教堂。

胜利街是一条老街，十分破败。政府正在拆迁改造。麻木把我们送到胜利街的中段，下车后我们便询问胜利街是否有座天主教堂，人们都摇头不知，有位老者告诉我们，只有前面有一个青龙观。

我想能再走进一座观也是不错的体验，我们便沿着老者指示的方向往前走。一路上，胜利街呈现的破败景象更加醒目，接近荆江大堤，两排房屋已经基本拆迁完毕。就在这时，我们听到一阵锣鼓声。我想前面一定有什么仪式正在举行，没走多远，一个简陋的香炉映入眼帘，香烟缭绕，香炉后面是一幢三间瓦房，看上去年代久远，当走到这幢瓦房前时，我看见瓦房门楣。青色条石上刻写着"青龙观"三个字。

我环顾四周，感觉仿佛置身一古装武侠电影画面。枯草覆盖的荆江大堤下一处高地，四周一片荒凉破败，一幢孤独的老屋独立寒风。从屋内间断传出锣鼓之声，仔细凝听，还有吟诵之声从屋内传出，屋外香烟缥缈。

我们走进屋内，见约30个香客面朝一尊雕像跪着，雕像前有一位身着蓝衫的瘦削男子在聚精会神吟唱，曲调婉转，他身边还有一中年男人，着日常衣衫，负责敲锣打鼓。

屋内还陈列有两尊雕像，一尊为龙王，一尊是关帝。这里的关帝也是提刀而立。香客们分两排跪着，全是老年人，其中老太太居

多，也有几位老爷爷。厅堂上方悬挂有一装置，厅堂的一侧有香和纸，一旁坐着一位道士。我用相机记录下现场的情景，旁边的长者为我们搬来凳子让我们坐下。一会，道士模样的人出来，我便跟着出来，问到这个观的历史，道士说：我也是刚来，不是很了解。

旁边有间侧屋，维枫不知什么时候出来，发现那里有个土地爷。我过去看，遇到一位徐姓老太太，她告诉我们，这个观已经有100多年的历史，以前都荒废着，归居委会管，不让搞活动，还有收水费、电费。现在我们几个老家伙把它盘了起来，那位道士是我们让宗教局介绍来的。

那吟唱的是我们临时请来的。老太太告诉我们，今天，这里举办的是一个一年一度的消灾祈福仪式，参加的都是平日常来烧香的。不过，我刚才坐在殿内，问身边的几位老者，皆言第一次来。

这还是我第一次在观内看这一道教仪式，道士的吟唱，很有感染力，但人们对自己信仰的自信还是被压抑着，这很悲凉。

徐老太太告诉我，这座观很快就要拆了。我问拆后怎么办？老太太说开发商答应给我换一个地方，但不是在这里，也不会是这种房子了。

## 荆江大堤内的英国建筑

离开青龙观，我来到荆江大堤上，回头再看青龙观，依然感觉神奇不已，茫茫大地上，有无数的角度，人们试图借助传统的仪式为自己和亲人祈福，但这些祈福的仪式本身的命运却飘忽不定。

荆江大堤内有许多建筑，我们眼前的建筑居然是曾经名噪一时的"活力28"。在20世纪90年代：活力28，沙市日化。曾经是响彻大江南北的广告口号，无奈，大江东去，如今的活力28早已悄无声息，展现在我们眼前

的是架立在厂区屋顶的"活力28"字样，不知当夜幕降临时，它是否还在长江岸边闪烁。

这个时候，大堤上走过来一位先生，我们上去问：这里是否有一座天主教堂？先生停下脚步：有啊，就在前面，他用手指给我们看：你们看见前面那栋灰色的建筑没有，就在那栋灰色的建筑后面，你们换个角度，还可以看到十字图案。这位先生告诉我们：这幢灰色建筑也非常有历史，据

说是英国人建的。英国人在荆州只有两幢建筑，一幢是邮政局，一幢就是我们现在看到的这个灰色的大楼。

热心给我们讲解的这位先生，姓周，他曾经在这栋大楼内工作九年，他说：从四个方面，可以看出这是一个老牌发达国家建的，一是双层玻璃，两层玻璃之间夹着细铁丝；二是喷淋系统非常完备；三是防火报警系统非常科学；四是在每间仓库门口的防水砸，每个门前，都有用厚厚的水泥筑起的带插槽的装置。当发大水时，便将厚厚的木板插入槽内，底下是一个斜坡，插槽分两级，确保仓库不被水淹。

这位周先生告诉我们，英国人建这幢大楼，早期是用来储运棉花等物质的，所以这里是一个储运仓库，后来到第二次世界大战期间，这里还是一个灾民安置救护中心。

我还顺道问了一下这位对历史有兴趣的70后，前面那座青龙观的历史，他说，荆沙18观，青龙观是其中一观。我说我们已经去过玄妙观。周先生说：以前，青龙观的主体不是现在你们看到的这间屋，主体建筑在这栋房屋的后面，很大一片，道观所在地势要高出周边，你们现在在这里还看得出来。你们刚才看到的这间屋，只是原来道观的一个偏僻的组成部分，主体的部分早就毁了。

我们顺着周先生指的路，来到这栋英国人建的建筑前，这里目前依然是一个大的货物仓库，它的前面就是荆州码头。租用这里空间的有各种各样的商家，亨氏、雅培也在这里有办公室。

### 长江边的天主教堂

紧临这幢英建大楼的便是一座天主教堂。教堂建筑分为两个部分，一个老的教堂，这个教堂不大，看上去有些破败，从外边挂的招牌看，这座老建筑正租给几家业主经营杂货或是作为杂货仓库；教堂建筑新的部分外观很奇怪，十字造型均由主体建筑内的砖砌成，建筑高处的十字也是用红色瓷砖在白墙上镶嵌而成，完全失去了悬空十字架的那种神秘、庄严及超越之感。

这栋新建筑，是目前教会活动的主要场所，我们来到这里时，这里也很安静，我们推开教堂的门，只有一个十岁左右的小女孩在这里玩抛乒乓球。我们问她教堂的工作人员在几楼？她告诉我们，教堂在二楼；他们人在五楼。

我们来到二楼教堂，这里与我们昨天见到的东堤街的圣母圣心教堂很不相同，教堂没有穹顶，正厅悬挂的不是圣母像而是基督在十字架替人类受难的像。

此刻教堂也就我们三个人，很安静。

我们没有到五楼去找工作人员，来到一楼，又遇见那个小女孩，她还在玩抛乒乓球，我问她：你爸爸妈妈在教堂工作吗？小女孩说：不是。那你为什么在这里玩？小女孩没有搭理我。

教堂面对滚滚长江，荆州码头一片繁忙景象。教堂对面有一个小卖部，我过去问小卖部的老大爷，这个教堂有多少年了？老大爷说：具体多少年不清楚，你看这个老教堂的房子就知道它年代久远了，应该是当时，英国人盖了旁边那栋储运大楼后，教堂就有了吧。

## 登万寿塔

因为今晚要返回武汉，我们离开荆州码头的天主教堂，便赶往荆州长江大桥旁的万寿园，万寿园内有一万寿塔，远近闻名。到一个古城，一定要寻塔登塔的。

万寿园距离荆州码头的天主教堂比较远，这一带出租车不好打，我们便叫了麻木，嘟嘟嘟嘟约半小时，我们赶到万寿园。万寿园是国家3A级风景区，要门票，10元一张。

我们买票进去，万寿园在荆江大堤内侧古观音矶矶头之上，园内有始建于南宋年间的观音矶以及全国重点保护文物万寿宝塔。走进万寿园，左侧是几家经营字画奇石的商店，右侧是一排书法长廊，我本以为是历代名家为万寿塔所题写，端详半天才发现，不少是现今书法人士书写的名人名言，少不了共和国领导人。

万寿塔建于明朝嘉靖年间，是为明嘉靖皇帝祈寿所建。登塔需在下午4点半以前，我们正好赶上。万寿宝塔高40.76米，始建于明朝嘉靖二十七年（公元1548年），距今已有460多年。万寿塔有汉白玉石雕坐佛96尊，石碑102块，浮雕佛像砖、文字砖、动物花鸟砖2347块，人物神态各异，栩栩如生。各类石雕、

砖雕两侧刻有捐资者的姓名、籍贯、捐资数目，除汉字外，兼有满、蒙、藏、回等少数民族文字，为全国八省，十七州、府、县、市信士所献。

登高望远，本是我来万寿塔的主要兴致所在，但当我们登上塔的顶层，望远的期许没得到满足。当然，站在古观音矶头，望浩浩江水奔腾，也让人顿感心胸宽旷。

万寿宝塔内灯光暗淡，无法欣赏其丰富多彩的砖雕石刻艺术，倒是当今旅游者在这些宝贵的艺术介质上留下的涂鸦格外刺眼，多是谁谁谁终身相许等信誓旦旦的情爱文字。当我从塔内为这些数百年的石刻艺术惋惜的时候，我一边登塔，一边听到塔外有喜鹊的叫声，在一次"叽叽喳喳"声之后，不到一秒，在不远处传来另外一声"叽叽喳喳"；如此反复，待我从塔内出来，这一唱一和的"叽叽喳喳"声，还在头顶传开，我抬头一看，万寿塔前面的一排挺拔的杉树上，有一个饱满的喜鹊窝。鹊巢的高度几乎于塔尖齐，只见两只花喜鹊分立在鹊巢两侧的树梢，夫唱妇随。

不需涂鸦发誓，喜鹊也是浓情无疆的。

参观完万寿园，时间已过下午6点，今天看来是无法返回武汉了。到家后，维枫改签车票，换乘1月4日下午1点多的动车。

晚餐时，一家人争论对毛泽东的评价，观点对立，无法调和。我琢磨手机，磕磕巴巴发了四条微博，每条微博只有一个字：寺、观、堂、塔。这四个字，精确概括了我们这一天的经验，也验证了我的观点，人间多么多样。

**2013年1月4日**

### 张居正街的钟鼓楼市场

到一个城镇，走走当地农贸市场，是了解当地文化及生物多样性的一个窗口。这几天，我已经在游走过程中，就近转了几家小型农贸市场。除了年货集中出台外，我发现本地的胡萝卜色泽偏紫，菜农自制的魔芋早起都能买到，这里的豆腐块厚实方正。

维枫说钟鼓楼农贸市场是荆州城一个规模很大的农贸市场，想必在那里会有许多新的见识。

因为要乘坐下午1点多的动车，所以1月4日一大早起床，没吃早餐，我们就乘公交车到了钟鼓楼农贸市场，钟鼓楼农贸市场在张居正街，市场外，卖活鸡的卖家将一只只活鸡捆绑，堆在路口，显得很刺眼。我们在市场外的一家小餐馆吃了早餐，我吃的是前面提到过的改版的"早堂面"。

钟鼓楼农贸市场很大，很热闹。给我的印象是，卖肉的占据了至少三分之一的空间，除主流的猪肉外，还有好几个卖狗肉的，我看见一些狗被

关在笼子里，情绪低落，等待它们的是被宰割的命运。

　　说到狗，我们从钟鼓楼回家后，大姐夫给我们讲了几个他与狗的故事，一次他外出喝酒喝醉了，走几步就摔倒在地，在前面引路的狗，立即转回身来，用爪子拨弄拨弄他的头，等他站起来，狗又在前面领路，走几步，回回头，走几步，回回头，他再一次倒在地上，狗又转身来拨弄他，直到陪护他到家；还有一次，他在路上骑三轮车，不小心裤子被卷进链条内，怎么也拨不出来，狗在一旁叫了几声，连忙回家，朝着我大姐不停叫，边叫边往外跑，大姐猜测肯定是姐夫出了事，连忙跟在狗的后面，追过去，等赶到现场，借用剪刀剪断裤脚，姐夫方才站了起来。

　　元旦期间，我在游览荆州古城，朵朵和她妈妈去河南南阳老界岭滑雪，同去的源源带了本书——《万物有灵且美》，朵朵很想看这本书，1月2日晚上，我在网吧上网时，她还从河南给我打来电话，要买这本书。

　　说到万物有灵，姐夫还给我们讲了他们在白茅湖农场时的一段故事：同样是他喝酒喝醉了，躺在地上，他劳动时经常用的一头牛，本来被他拴在一旁，结果发现他倒在一旁后，那头牛用力掀开了栓柱，直接躺在了他的身边，不准任何人靠近，直到大姐回来。

　　钟鼓楼农贸市场上的那些被关在笼子里的狗的眼神，充满无助和哀

怨，但肉摊的生意还是非常兴隆。

在钟鼓楼农贸市场，我见识了具有本地特色的千张肉，前天，大姐夫已经买回让我们品尝，我买了一斤渣辣椒以及前面提到过的南姆鱼。

钟鼓楼农贸市场有许多山药，看长相就是本地种的，细、弯曲。我想买山药泥，未见。大家比较熟悉的鱼糕也有很多。

我还看见了玉那片。我们老家也有，但片没这么大。

### "引江济汉"工程现场

大姐他们所租住的地方，距离"引江济汉"工程不远，他们租种的农田，几乎就在"引江济汉"工程的旁边。当我来荆州的第一晚，听大姐夫介绍这一信息时就计划挤点时间到工地去看看。

因为当天下午就要回武汉，便压缩了在钟鼓楼农贸市场的时间，穿过古老的青石板铺就的张居正街，我们便搭乘一辆出租车，让司机直接将我们送到工程现场。这样，也弥补了此次荆州之行，唯一没能体验的荆州公交化的出租车系统。

所谓"引江济汉"工程，就是开挖一条人工运河，将长江水引入汉江。工程在长江荆江河段开工，从荆州区李埠镇长江龙洲垸河段引水到潜

江市高石碑镇汉江兴隆段，地跨荆州、荆门两地级市所辖的荆州区和沙洋县，以及省直管市潜江市。引水干渠全长67.23公里。到2014年，自三峡奔涌而下的长江水将从荆州市李埠镇江段分流，横穿荆江大堤、汉宜高速，向北穿越江汉平原，终在潜江市高石碑镇境内注入汉江。这条全长67公里、宽100米的人工河道将连起中部地区的两条巨龙。"引江济汉"入汉水潜江段，至天门、汉川，一直到武汉。之所以要兴建这样一条运河，是因为南水北调工程从丹江口取水后，导致汉江水流量减少，影响汉水流域的生产和人民生活。但将水质较差的长江水引入汉江后，汉水下游的水质及生态会发生怎样的改变，是否影响包括我老家天门以及我现在居住地武汉的用水质量，人们存在争议。

十几分钟，出租车就将我们送到"引江济汉"工程现场。现场分为两个部分，一部分是开挖的运河，一部分是沿荆州古城方向延伸的通往太湖方向，正在建设的一座跨运河桥。我们来到这里的时候，工程现场，只有一个人，桥体引桥部分已经吊装完毕，跨运河的桥墩，也已矗立。在待完工的跨运河桥梁的一侧，运河底及其两岸均已用水泥浇筑，而上游河底，淤泥已经长出野草，看上去河道不是很深。

我在这里完成了荆州之行的最后一件环绕影像，来年再来，这里就将是另一番风景了。

### 红尘行乞者

13点零5分在荆州乘D5802次，14点45到汉口站。直接换乘地铁2号线回武昌。地铁刚启动，车厢里就传来一女中音的歌声，顺着歌声望过去，见一中年女性头戴简易麦克风歌唱，她面部显然是被烧伤或烫伤过。她唱得很动听，中音，我记住了其中两句歌词：浪漫红尘中有你也有我，让我唱一首爱你的歌。回家后一百度，她唱的是《红尘情歌》。

中年女人从一节车厢唱到另一节，边唱边感谢人们的施舍。我给了她一元钱。周围的乘客都纷纷解囊相助。她送给人们的祝福也很朴素。一会儿，虽然她的歌声已消失在拥挤的人群中，但一段旋律却留在了我的记忆里：轰轰烈烈的曾经相爱过，卿卿我我变成了传说，浪漫红尘中有你也有我，让我唱一首爱你的歌。

这次荆州之行，是我5年来单次外出时间最长的一次，回武汉后，花了四整天时间，整理完了这次荆州之行的日记。由于在荆州时无法上网，我又没有带笔记本的习惯，只好每晚睡觉前，将当天的经历以关键词的形式，记录在信笺上，回家后再结合照片和视频微观叙述。

　　当写完最后一小节时，我回头再看这长达近万字的日记，发现这段经验的记录起于地铁，收于地铁。还发现，在这一长篇日志里引用的两首歌词有特别的巧遇，日志开篇引用的是《红尘永相伴》，而在日志的结尾，引用的是《红尘情歌》，且这一节日志的标题是：红尘行乞者。

　　最终，我们都会是一个乞丐。

# 第六章　理想站台

第六章　理想站台

引言：非物质诱惑之理想主义

漂泊乌托邦

【越境者】的理想站台

理想企业家的畅想

引领生活变革的社会建筑师
　　——对话跨界生活实践者

引言：

## 非物质诱惑之理想主义

理想是对现实的超越，理想主义是不屈从于现实的一种执着。

相信理想，和相信真理、相信真爱一样，都是坚强自信的生命必须选择的非物质方向。

相信并非意味没有干扰，选择并不意味最终抵达。但相信和选择是应有的人生态度。

一个不鼓励理想主义的世界，理想主义者需要自我鼓励、相互鼓励。

一个鼓励理想主义的世界，理想主义不再是少数人的传奇或梦想，而是成为一般人的生活方式。

理想站台
非物质诱惑之理想主义

# 漂泊乌托邦

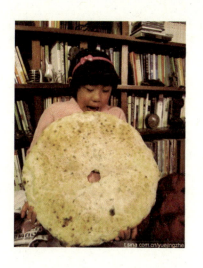

　　"我的漂泊感并非只体现在我所游历过的地名的转换，它们也在我内心深处隐藏着"。回顾过去，张先冰觉得自己现在以经营者的身份投身国际青年旅舍运动，与自己的人生经历有某种程度的契合。20世纪80年代末，他带着文学青年的乌托邦情结北漂，游学北大时，深深沉浸于那个年代弥漫的理想主义氛围的感召。除了在学术自由的氛围里接触到了更多先进的学术理论、思潮，充实了自己的知识底蕴之外；同每一位热血青年一样，他的思想也被当时社会推崇的历史责任感打上了深深的烙印。回到武汉后，他先后谋职于文学与艺术杂志，虽然在这期间，过于文艺的东西渐渐被时代边缘化，但他的这些工作算是延续了自己的文学艺术理想。他大量地阅读了尼采、海德格尔、荷尔德林等存在主义先哲的著作和诗歌，认识了一大批有追求的新历史艺术家，组织和参与了许多当代文艺批评的活动，比如"新历史绿色工程"。直到有一天，为了筹集办文艺杂志的赞助经费，他答应了一家民族工艺厂的邀请，参与企业的营销策划、组织管理、人力资源培训等工作。他这才发现自己还有管理和营销方面的天分。在不丢弃一肚子才学见识的情况下，顺利找到了走向现实的一条道路，这让他颇感欣慰。

　　2005年，在市场营销、互联网等行业经过几番实战后，他开办了湖北省第一家国际青年旅舍。

　　"探路者国际青年旅舍是那些在路上的世界各地朋友们在武汉的家，

我现在是这个家的守护者，迎候那些在路上漂泊的人。国际青年旅舍提倡走向自然，通过见证大自然的传奇来感受造物主的存在；而诗人的故乡和心灵寓所也是自然。从这个意义上说，我通过它实现了写诗所追求的理想，它让我找到了心灵的归宿。"

张先冰下一步的人生目标，是以一个"社会建筑师"的角色，实践人生，参与社会。通过提供社会产品，建筑社会并完善自我。"我觉得社会空间的合理性需要完善，这种能引发社会空间变革的社会产品更多的是观念的、仪式的，是靠一套自由美好的价值体系支撑、超越以物质为基础，更适合人的生存、发展的生活方式。"

[ 出门 ]

### 成都：能让漂泊的人停留下来

**城市公社**：你的家乡天门市，对你的成长影响在哪里？

**张先冰**：我出生在江汉平原的一个农民家庭。这种背景对我的影响是让我一直很勤奋；懂得尊重劳动价值；信仰亲密关系系统中的责任担当。

**城市公社**：在游学北大时，你还正值青春年少，回想起来，那段经历给你的人生打下了什么样的烙印？

**张先冰**：我是20世纪80年代末去北大游学的，当时正是年轻人南下浪潮盛行之初，很多人选择了经商。当然那时的经济浪潮不像现在这样，作家、诗人的地位、令人敬仰的程度和对年轻人的号召力与今日不可相比，爱好文学是纯粹与青春相关的、理想式的行为。

那时北大的自由的学术气氛，理想主义的色彩，一种社会承担的精神传统非常深刻地影响到我的价值取向、人生追求。它给我非常强烈的理想主义的支撑，让我明白人生不单单是为了自己，应该为理想的生活或理想的社会去做自己力所能及的事。

多少年后，无论世事如何改变，时代如何变迁，我都会发现理想主义的火种一会儿燃烧了起来，一会儿重新萌发，所以感觉我是幸运的，没有辜负青春该有的熏陶。虽然现在的北京和当时很不一样了，但那里依然是我理想的定居之所。

**城市公社：** 成都也是你喜欢的城市？

**张先冰：** 我1998年在成都从事商业活动，断断续续在那里待了很长时间。每次去，成都都给我统一、连贯的感觉。成都那种自由放松、娱乐化的生活方式和乐观、豁达、不过于物质化的人生态度，这么多年没有太多变化，对我很有吸引力。成都这座城市是围绕人的需要建设的，它把自己的有限资源利用起来，变成了人们可以去享受的公共空间，能让漂泊的人停留下来。我每年都会抽一个月的时间去成都。

[ 回家 ]

## 武汉：短暂的乌托邦

**城市公社：** 如今在武汉生活了十几年，你觉得自己融入这个城市了吗？

**张先冰：** 我感觉我并没有完全融入这个城市，在精神上是武汉的客人。武汉是非常现实主义的城市，追求功利，什么东西都拿来功利化了，如人与人的关系、处理事情的出发点等，更多地关注市俗的价值，缺乏真正超越市俗价值的浪漫氛围。我自觉自己是个理想主义者，我的气质、经历和这里有很大的区别。

**城市公社：** 那为什么最后还是选择了武汉？

**张先冰：** 我还没有自由到自由选择自己生活空间的地步。当然，我也能感受到现实选择的反作用的价值：生活坏了我们的梦想，社会没有创造保存理想的空间。我实在不能融入这个城市价值系统，适应不了，总想着如果不是这样该多好。

**城市公社**：武汉的城市文化真的就没有一点理想主义的成分吗？十年之后的武汉在你想象中会是怎样的？

**张先冰**：有，但很短暂，没有长久留下来的东西，没有成为市民日常化的价值资产。十年之后，武汉会稍微整洁、漂亮点吧，但从目前的城市规划来看，武汉人的生活方式和价值系统不可能发生质的变化。

## 武汉问卷

**城市公社**：如果有一天要离开武汉，你会选择带走什么？

**张先冰**：武汉楚国时期的乐器——呜嘟。这是很民间的乐器，很容易抒发自然、忧伤的情绪，现在有民间力量在开发它，做得精致漂亮，在古琴台一带可以买得到，我也收藏了几个。我对原生态音乐感兴趣，出外旅游总会带上一些当地有特色的乐器。

**城市公社**：那个时候，你对武汉还眷恋什么？

**张先冰**：我想应该是长江吧，即使人离开了，梦里萦绕的也会是长江汹涌浩瀚、气势如虹的景象。一个人无论自己多么了不起，都不得不臣服于它。我希望能天天在长江边上看到美丽的夕阳，当我不在人世了，我的墓志铭上也许可以写上这句话："再也见不到夕阳了。"

# "越境者"的理想站台

与张先冰相识在2007年3月，我参加了他在青年旅舍自发组织的"星期四共识讲堂"，因为正逢三八节，聚谈的主题是"女性的解放与家庭角色"，作为主持人的张先冰旁征博引，滔滔不绝，当时就感叹这大胡子叔叔，讲得倒蛮好，就是主题不太接地气。

一恍这些年来，跟张先冰打了交道多次，现在终于明白他的"不接地气"其实是他从不曾放弃的"在哪里都要发出理想主义声音"且"在自己的日常经验中践行理想主义的生活"的理想主义情怀。

他常带女儿去长江边看日出，听知了大合唱，凝视鸽群、燕子、蜻蜓展翅，他不间断地读书写诗写微博（他给自己的微博取名越境者微观之道）。为感受心灵和琴弦的共鸣，今年开始学吉他……这些在许多人看来充满理想主义的事，在他看来是给日常生活中日益一元化的气质以矫正。

记者回访他时，他刚随"江豚守望者之旅"湖口寻豚归来。对于江豚的保护，他继续"理想主义"——倡导创建"生命共同体"将单一物种的保护整合进一个多方参与的、系统的、协调的社区（社会）成长规划中。

《新生活》：最喜欢青年旅舍的什么特点？

**张先冰**：青年旅舍给人印象最深刻的是充满文化多样性的国际化气息以及宽频、传奇、交响的旅行者故事。这是个充满理想主义的文化及生活空间，也是我自己践行自己文化理想的根据地、传播理想主义的站台。基于我个人对全球化的反思，目前青年旅舍开辟方言角，试图通过各种活动来彰显地方文化包括地方化知识、地方化生活方式，以及分享地方型资源，来传达我对一个"不一样的全球化"的理解和希望。

《新生活》：你理想的心灵状态是怎样的？

**张先冰**：我放空自己的意愿，常常是在沉思冥想的旅程中实现的。始于沉思，慢慢抵达远方的远方，白茫从四周涌来，最后融入一片空白。这一旅程，只有超脱没有无聊。

> 起伏的旋律
> 渐渐归于舒缓五彩斑斓的世界化为一片白茫
> 寻觅远方的远方
> 将获得宁静与宽广

这首诗写于1998年。记得那是一段秋日的午后时光，我坐在位于武昌卓刀泉的"东星大厦"19层的办公室（那时候我所创办的"怀抱"网就在这里办公），凝视不远处迷迷茫茫的东湖，一阵清凉的秋风掠过，心头涌起一股强烈的漂泊感。

我继续凝望远方，眼光越过迷茫的东湖，越过凌乱的城市，渐渐感受到的是一片白茫与宁静，其间有瞬间的生命之骄傲与感恩情绪弥漫心头，但很快归于平静。"躺在怀抱里"和"出走去远方"是生命的两大原始冲动。借助诗意通达自然让我在内心层面成功实现了"自我的出走"。在以后的岁月里，每每遇到压力，我都力图经由此秘密幽境获得心灵的平静。

《新生活》：做加减法，你最想减去生活中哪个部分？最想加点什么？

**张先冰**：对个人尤其亲人朋友，挑毛病的眼睛，最好睁一只闭一只；发现身边美好事物的眼睛不要总是打盹。

《新生活》：作为湖北、武汉地区唯一一家被国际青年旅舍联盟认可的青年旅舍，心情如何？

**张先冰**：这还靠这些年来旅舍所营造的充满人性化色彩的服务氛围以及富

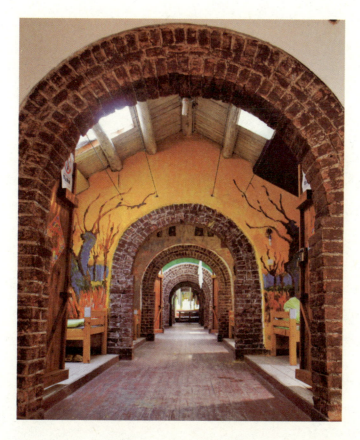

于艺术气息的逗留环境，还包括不断演绎的开放互动的青春剧场（讲座、读书会、纪录片、民谣季、方言角、诗歌节、创意市集等等）。

《新生活》：2012年，你在这个城市中的四大发现。

**张先冰**：沙龙讲座；方言传播；电视问政；旧式婚礼。

《新生活》：一句话表达对武汉的爱与恨。

**张先冰**：武汉之大，容下了我的抱怨与无知。

# 理想企业家的畅想

**四轮驱动青春的非物质方向**

还设进门，一整面的涂鸦墙就给了我"艺术"冲击，墙上的四色轮胎，据说是青年旅舍"节俭，环保，自助，交流"四轮驱动的意思；进入院内是古老的石磨、风车，被各国青年画上国旗的电线杆，都是很有趣的地方。最个性的是，庭院中竖立的旅舍店标，居然是废船改造的。给我印象最深的，是舍内墙壁上来自世界各地背包客的涂鸦和留言。虽然是单单的几面墙，却是世界文化交流的缩影。这就是湖北省第一家国际青年旅舍：武汉探路者国际青年旅舍。

**自立和开放的熔炉**

带着对国际青年旅舍理念的敬意以及与湖北美术学院仅有一墙之隔的好奇，我采访了它的创办人张先冰。关于青年旅舍的特点我们谈了很多，也很深入。

大体可以概括为节俭、环保、自助、交流、亲如一家。谈到"自助"，张先冰先生感触颇深，觉得现在的年轻人对于父母、家庭、社会有很强的依赖性，自我独立观念和生存能力较弱。青年旅舍是世界各国背包客旅途中的家，在这里你会听到无数旅行者在路上独自面对各种困难并勇敢战胜这些困难的故事；青年旅舍房间里的卫生要自己整理，生活垃圾提倡旅客自己主动清理，既不能大声喧哗，也不能在有人的房间打电话。像这样无国界的自助、自理的生活观念，可以提高自我独立的意识，也是对中国青年人精神和生活开放状态的提倡。

**我有一个梦想，让每个大学生在毕业前住一次青年旅舍**

作为20世纪80年代热血青年的一员，张先冰有强烈的社会情怀和社会责任感，心里总想着能不能让这个社会和世界更加美好。正是在这种社会责任感的感召下，他发起了"红火柴困境儿童援助计划"，成为了这个时代城市新文化运动和健康新生活方式的推手。在金钱至上的当今社会，在80后的青年顶着巨大的压力生存的同时，警示人们人之所以为人，不在于金钱，也不在于权势，而在于信仰，在于对健康价值观和积极生活方式的追求。全身心地体验自然、吸取文化、找寻信仰，尽可能地以不同身份建立人与人之间的理解。这也就是他所提倡的"青春的非物质方向"。

"舍"就是家的意思，青年旅舍被誉为"世界青年之家"，"背包客的乐园"，来到这里会有一种家的温馨和熟悉。张先冰说："我有一个梦想，让每一个大学生在毕业之前住一次青年旅舍（世界各地的），我相信青年旅舍会改变他们的人生，可以给他们自己、家庭和社会带来意想不到的收获。"

# 引领生活变革的社会建筑师
## —— 对话跨界生活实践者

2009年11月17日，《新生活》周报约请我以第三期嘉宾的身份参加其改版后举办的"新生活运动"活动，与《新生活》的读者进行交流。11月29日晚上，在青年旅舍，我和《新生活》周报的读者进行了愉快的交流。

下面是与《新生活》记者的对话以及和读者交流的报道。

● **跨出去，海阔天空**

### 志愿者是一种精神身份

即使做公益，也要有跨界的能力。在进行这次对话的前几个小时，张先冰一行风尘仆仆从洪湖白鱀豚国家级自然保护区回来。两天时间，他们从洪湖下来，到汉南，再到赤壁，整个保护区的来回，不仅寻不到白鱀豚，连江豚的身影也没遇见。按他女儿朵朵的话说，"我们本来是来寻找白鱀豚和江豚的，但最终我们只看到了几只野鸭。"

"白鱀豚作为长江水生生物食物链中的顶级消费者，它的灭绝必然会导致整个长江生态系统的失衡，也会危及人类的生存。白鱀豚和江豚的命运，是人类欲望与自然冲突的一个缩影。"张先冰说，"你只有置身现场，才能感受到生态保护的紧迫性。"为此，张先冰一行，捐款发起成立了"长江水生野生动植物保护宣传基金"，计划建一个"江豚SOS的网页"；为"长江女神白鱀豚在赤壁立个雕塑；拍一部与白鱀豚、江豚保护有关的纪录片；举办一场关于白鱀豚、江豚保护的摄影展，希望以此唤起更广泛的社会力量，参与到保护这种濒临灭绝的珍稀物种的行动中来。

## 跨界是生活选择，也是心灵状态

张先冰作为武汉探路者国际青年旅舍创办人而广为大家熟知，除企业经营者这一身份外，他涉足的其他生活领域及社会身份，也同样令人感兴趣：他从事诗歌写作，是一个先锋诗人；他是一个商业思想者，被聘为中南财大工商管理学院的兼职教授；他发起成立"呼唤论坛"是社会公益行动的组织者……

张先冰喜欢"诗人"这个身份，"这并非我的诗歌写得多么杰出，我觉得我骨子里是有诗人气质的——理想主义和超越精神"。当晚，他在温暖的小屋里，在淡淡茶香中给我们朗诵一首他新写的诗。

作为一个企业经营者，张先冰看重自己所实践的商业行为中包含的社会性质和理想主义精神。无论是经营模式，还是自己组织的各种活动，都能促进一种健康的生活方式和积极开放的世界观的传播和体验。对他本人而言，青年旅舍经营者，既是一份职业，同时也是自己生活方式的一部分，是自己心灵归宿的一个方向。

作为一个小学生的父亲，张先冰还是一位民间教育的实践者，除全力扮演好一个父亲的角色外，他还组织教育沙龙，家长读书会，探索教育社会化的最大可能性。

他是一个社会建筑师，和一帮志同道合的朋友，创造设计多种社会建筑作品。

### 宽广生命，源于跨界

在与读者交流的时候，有读者问："当你很努力做一件公益事情时，别人却一点不在意，甚至还误解你的公益行为，这时候，这该有怎样的心理建设？"

他认为要历练"宽容"的心态。"跨界是一种社会参与方式，也是一种个人学习方式。博学是一种宽容的修炼，博学能摆脱思想的极端和偏执，挣脱一元化思维的束缚。"

张先冰盛赞跨界学习方式，"交叉学科，更容易让人找到新的适应点。这种学习方法将造福人的一生，能在扑面而来的信息沙尘暴中具备更强的整合能力，拥有作为领导者的判断力和知识层次"。

"偏执者生存，跨界者生活。"一直认定单一事物的人，也许在他的领域会做得很好，但那也许会是单薄的，可能缺乏生活的多彩和乐趣，也可能忽略了生命的潜质。缩减了生命的边界，只能算得上生存；而跨界者，可辗转于多个看似完全不相干的领域中，这些领域，可能是职业领域，也可能是个人爱好和兴趣的多样性，许多灵感和创造力将被激发。

● 一般人的传奇 —— 与《新生活》周报记者的对话

**记者：**我们《新生活》周报改版，开展了一个活动"新生活运动"，想请您就有关"新生活方式"方面的话题和我们的读者进行一次交流！

**张先冰：**我体验比较多的有三个方面：跨界生活或者称之为宽频人生；第二人生：公益和社会担当作为一种生活方式；生态公民：从自己日常做起的绿色生活实践。

**记者：**你的第一个主题很有意思，相信读者也会很感兴趣的，就是"跨界生活"那个主题。

**张先冰**：是的，这是未来的一个潮流。我的网名就叫"冬天的越境者"，也是包含这方面思想的，我的看法是：这是一个开放多元的时代，"偏执狂生存，越境者生活"。

**记者**：你所提倡的这个跨界生活，主要包括哪些方面？

**张先冰**：学习、工作或者生活，在不同的界面同步展开的开放人生。

**记者**：但是一般的人会觉得在这些方面很难做到理想和现实的统一。

**张先冰**：一般的人是什么样的人？我们都是一般的人。我觉得不同的是我们的态度和行动。

**记者**："跨界"是否可以理解为，在工作及生活的各个不同方面，尽量拓展自己的生命宽度，去体验更多的东西？

**张先冰**：基本是的。但体验还不够，应该去实践、去行动、去参与。拓展、体验并实践才是跨界意义现实化的基本条件。当然，也包括享受生命和自然。

**记者**：实践、行动、参与、体验，还有享受，这就是您体验跨界生活的主要形式？但是有些人会认为，所谓的拓展，与个人经济基础是息息相关的。

**张先冰**：就是因为大家这么想，这个话题才有意义。

**记者**：比如，他很想像王石一样去登雪山，但是没有足够的钱。

**张先冰**：那你周末到郊外远足要多少钱？！

**记者**：呵呵，如果只是走走，可能会要很少的钱。

**张先冰**：也不光是走走，你可以尝试研究建筑、人物、街边文化、小动物等等，这样你就开始跨界。跨界可以在三个层面逐步实践：跨界学习、跨界生活、跨界工作。

**记者：**嗯，这样就不难理解跨界生活与工作，是通过最初的学习积累学识跟兴趣。

**张先冰：**我觉得跨界是人人都可实践的生活方式。我们只需两样东西：热爱生活和社会的激情，再就是时间。

**记者：**嗯，热爱生活和社会的激情是跨界生活最基本的态度。

**张先冰：**这样这个话题就会很有意思，而且很有建设性。我们可以为每个人规划一个跨界地图或者叫跨界版图或跨界路线图。

**记者：**嗯，我也要规划我的跨界生活了，呵呵。

**张先冰：**是的，人人都可跨界，人人都应跨界。

**记者：**我有一个朋友，他也经常谈起他愿意做一个生活里的勇敢斗士，这里面也有跟你相同的变革思想。

**张先冰：**我不是做斗士。我只是先自己做好，然后用一定的方式影响我们的社会，不过我影响的方式或者效果、范围还不是很大。

**记者：**你是一个"领引生活变革的社会建筑师"。

**张先冰：**"领引生活变革的社会建筑师"可以概括"跨界生活"的全部内涵和外延。有一次，一家媒体采访我，后来报道的时候说，张先冰自称"社会建筑师"。其实"社会建筑师"也不是一个什么了不起的角色，像教师一样，关注生活与社会的灵魂状况。

**记者：**是的，它概括了你的生活方式以及人生理想。

# 后 记

　　与传统商业公司甚至通常的社会企业不同，理想企业目标的达成，离不开公共传播，公共传播是理想企业生命的有机组成部分。只有经由持续的、多角度、全方位的传播，理想企业倡导的生活方式、价值观才会转化为社会性成果。

　　自2006年，选择投身国际青年旅舍事业以来，我创办的探路者青年旅舍、我依据自己的信念以及对青年旅舍精神的感受所倡导和实践的生活方式、价值观念以及商业行为，受到了包括《南方都市报》、《经济时报》、《城市画报》、《第一生活》周报、《新生活》周报、《青年周刊》、《楚天都市报》、《生活家》、《长江商报》、"荆楚网"、《武汉晚报》、《武汉晨报》、《长江日报》、《湖北美术学院报》、"湖北电视台"等国内多家媒体的关注、报道。通过对我的采访以及对青年旅舍生活的现场体验，这些媒体先后以——《欢迎下榻生活新空间》、《旅行的意义》、《请叫我新生活方式推手》、《生活方式改变世界》、《最牛创意是创意人生》、《悦行昙华林，酷眠星空房》、《国际驴友的窝》、《新潮生活的那一份简约》、《隐蔽的前奏：青年旅舍的非物质预谋》、《探索青春的非物质方向》、《传播艺术生活》、《做大自然的情人》、《微观纪录：让平凡生活更有价值》、《东湖爱与梦》、《阅读在别处》、《看，鸟巢》、《志愿者：有一种情怀叫坚持》、《青旅是一种世界观》、《张先冰的漂泊乌托邦》、《张先冰的理想站台》——等为题做过报道，让青年旅舍的精神以及我本人的实践，在社会空间产生了共鸣。

这些采访和报道的精彩内容，部分呈现在这本书里，但愿这些经我重新审定的内容，借着书籍这一传播媒介，能够在更深更广的社会空间获得回响。

在这里我要特别感谢宝林、梦娅、崔月、黄明、郑晶晶、张翅、王琦、李卓辉、蔡木子、蒋婷婷、吴秋娜、钟声、张爱莲、谈笑、卢欢、吴郁纯等媒体从业朋友的敏感，没有他们的洞察，青年旅舍所蕴含的价值观以及其演绎的生活方式，也许还要更长的时间才能被公众了解。我自己对理想企业的认同，也不会像现在这么坚定。

信念的坚定，应该体现在行动上。没有我的挚友张三夕教授的督促以及对本书篇章结构的具体指导，我希望这本抛砖引玉的书，能够在时代发展的转折之年尽早现身的愿望，也是无法实现的。这也再次让我感受到，选择与什么人同行，决定了你旅途的故事。

在这里还要特别感谢，武汉理工大学艺术与设计学院阮争翔先生主持的国际视觉传播艺术研究所研究生谢莹、向丽君、王蔚为本书的版面设计及图片处理所做的付出。

有关这个故事中，我的家人的付出以及青年旅舍的同事们的青春所创造的能量，我会满怀歉疚、感激，这些在接下来的几本关于理想企业的书籍中将会展现。

张先冰

2013年7月6日